U0321036

NHK
趣味园艺

5

仙客来
12月栽培笔记

[日]吉田健一◎著

佟　凡◎译

机械工业出版社
CHINA MACHINE PRESS

照片：重瓣迷你仙客来　西莫（Chimo）系列（摄影：田中雅也）

12 月
栽培笔记
Cyclamen

NP-M.Tanaka

目 录

Contents

本书的使用方法

小指南

我是"NHK 趣味园艺"的导读者，这套丛书为大家介绍每月的栽培方法。其实心里有点小紧张，不知能否胜任每种植物的介绍。

本书将按照 1 月到 12 月的时间线，介绍仙客来的栽培方法，详细介绍每个月需要做的主要工作和管理要点。第 14~17 页总结了原种仙客来的魅力和栽培方法等内容。

※ **仙客来的魅力与特征（第 5~17 页）**

介绍了仙客来的基本特征，原种仙客来的魅力、栽培仙客来前需要掌握的基础知识等。

※ **仙客来图鉴（第 18~28 页）**

记载了不同花色、花纹、花形、中花品种和迷你（小花）品种的仙客来。

※ **12 月栽培笔记（第 29~85 页）**

按月介绍主要工作和管理要点，分为新手必须进行的工作 **基本** 和针对有能力的中级、高级园艺爱好者的工作 **挑战**。主要工作的方法、步骤会在当月的页面进行介绍。

本月工作列表 ◀

基本 新手必做的工作

挑战 中级、高级园艺爱好者在有能力的情况下可进行尝试

▶ **本月管理重点列表**

※ **四季栽培问答 Q&A（第 90~95 页）**

列举不同季节的仙客来栽培会遇到的常见问题和解决方法，以及栽培中的问题点。

• 本书的内容以日本关东地区以西的地方为基准进行讲解（译注：气候类似我国长江流域）。由于地域、气候不同，植物的生长状态、开花期和适宜进行每项工作的时期会有所不同。另外，浇水、施肥的量只能作为参考，请根据植物的状态自行调整。

仙客来的魅力
与特征

仙客来是一种什么样的植物？
本部分将为大家介绍栽培仙客来之前
需要了解的基础知识和乐趣。

Cyclamen

仙客来简介

仙客来原产于地中海沿岸

仙客来是冬季花盆中不可或缺的花朵，在鲜花稀少的季节中，它华丽的身姿赏心悦目，是一种珍贵的园艺植物。仙客来是报春花科仙客来属的多年生球根植物，裂片数为5，叶子一般是心形。

原种仙客来分布在北非到中近东地区以及欧洲地中海沿海地区，大约有20种。这片区域夏季高温干燥，冬季温度在10℃左右，气候比较温暖。在自生地的灌木丛下方和岩石附近一般可以看到丛生的仙客来。现在，日本市面上出售的大部分园艺品种都是由原种中春天开花的仙客来（*Cyclamen persicum*）改良而成的。

仙客来名称的由来

除一部分原种仙客来之外，开花结果后，仙客来的花茎就会卷曲成螺旋状，这就是仙客来（Cyclamen）的语源，在希腊语中，表示"旋转""圆"的单词写作"Kyklos"，与英语中的"Cycle"同义。

据说，仙客来传入日本的时间是在明治时代初期。当时，仙客来在欧洲被称为"Sowbread（母猪的面包）"，所以在日本它被命名为"猪面包"。后来，植物学家牧野富太郎因为仙客来的花形像篝火，所以将它命名为"篝火花"。

以色列自生的原种仙客来。在干燥的岩石上也能长成大株植株。

原种仙客来，结果后花茎卷曲成螺旋状。

等待发货的花圃。

KANEKO SEEDS

栽培历史因底部浇水花盆的出现而改变

日本大正时代（1912—1926 年）末期，日本真正开始生产仙客来。当时，出身于日本岐阜县惠那市的伊藤孝重听取了担任水坝建筑师的美国妻子的建议，开始从德国种苗公司购入仙客来种子。但是当时尚未确立仙客来栽培技术，很多植株在栽培过程中腐败，播下的种子只有 1/4 左右能够成为商品。

昭和 9 年（1934 年）左右，仙客来生产情况迎来了一波高潮。后来，栽培仙客来的农家随着温室栽培技术的提高逐渐增加。到了昭和 25 年（1950 年）左右，仙客来的价格已经下降到一颗种子 1 日元零 20~30 钱，一盆花的价格为 60~70 日元（为现在的 3.56~4.16 元人民币）。

进入昭和 60 年代（1985—1989 年），仙客来成为冬日盆花女王，随着需求不断增加，仙客来的栽培迎来了重大的转机，即底部浇水花盆的出现。多亏了这种花盆的出现，浇水容易了很多，盆花品质差异大幅减少，一户花农每年可以实现大量生产，培育出 2~3 万盆仙客来。由于仙客来的普及，如今每年会有 2000 万盆以上的仙客来出现在市面上。

园艺品种的历史

从大正时代末期到昭和 30 年（1955 年），仙客来的园艺品种经历了 30 年的栽培后，红色和深粉色的品种占到了全部品种的 80% 以上，其余全都是白色品种。到了昭和 50 年（1975 年），从海外进口的新品种让仙客来的种类大幅增多。日本人的生活方式在昭和 50 年以后逐渐西方化，适合西式装修的粉彩色仙客来迎来了全盛时期。

在昭和 60 年，皱边型粉色覆轮品种"维多利亚"（参考第 20 页）盛行，进入平成年代（1989—2019 年）后，随着人们的生活方式、兴趣和喜好的多样化，花店里出现了花形和尺寸各异的众多品种。

左：昭和 30 年左右培育的红色品种"巴巴克"。
右：曾一度受到人们欢迎的淡粉彩色"肖邦"。

NP-Y.Suzuki   NP-Y.Suzuki

不断丰富的仙客来魅力

← 对比鲜明的"鸟羽"。

NP-M.Tanaka

NP-S.Maruyama

NP-M.Tanaka

↑ 华丽的大花皱边型品种"婚纱"。

← 淡紫色的仙客来品种，还可以享受花香。

越来越多彩的仙客来魅力

种在花盆里的仙客来与以前的相比更加小巧。有时，玄关或窗台无法放下太大的花盆，近年来，适合住宅空间的4~5号花盆（直径12~15cm）越来越多。另外，花卉本身也不再仅限于大花型，中小花型品种逐渐增加。

在花色方面，人们越来越追求颜色与室内装饰的协调，色调温柔的粉彩色品种人气颇高。出现了双色对比美丽的粉彩色"鸟羽"，花瓣边缘色彩鲜艳的唇彩系列（Lip series）、闪亮系列（Shiny series），花瓣纤细有"刷毛目⊖"细纹的雨丝型（Shower type）。

在花形方面，花瓣边缘有缺刻的皱边型、花瓣边缘呈波浪形的品种都很受欢迎。

随着培养技术的进步，蓝色品种、迷你重瓣品种也出现在了市面上。另外还出现了有香味的品种。

进入12月后，圣诞配色的红色"施特劳斯（Strauss）"等品种人气开始上涨。另外，叶子上带斑纹的银叶品种，因为时尚的氛围受到人们的欢迎。

⊖ 一种陶瓷装饰手法。

使用园艺仙客来完成的混栽。园艺仙客来的优势在于和普通的仙客来不同，人们可以按照自己的喜好享受种植的乐趣。

迷你仙客来也人气上涨

花朵尺寸小的仙客来叫作"迷你仙客来"，和大花"优雅""美丽"的印象相比，小花品种分外"可爱"，近年来积攒下不少人气。迷你仙客来的另一个魅力是花期长，从秋天到春天始终开放花朵，受到各个年龄层的人们喜爱。

花色多样，有红色、白色、粉彩色、双色覆轮、渐变色等，近来酒红色、巧克力色等雅致时尚的花色也很受欢迎。

花形类别同样丰富多彩，有皱边型、波浪型、洛可可型等。另外，也出现了叶子上有花纹的品种和银叶品种。花朵颜色相同，不同的叶子也会使植株呈现不同的气质，因此增加了混栽的乐趣。

迷你仙客来中的重瓣品种，西莫系列的"巧克力色（Chocolate Color）"。

欣赏园艺仙客来的方法

园艺仙客来是从迷你仙客来中选择耐寒性强的品种培育而成的，因此相对抗寒，可以在玄关外或者阳台上栽培，同样可以在种植箱和花坛中栽培，拥有多种欣赏方式正是园艺仙客来的魅力所在。园艺仙客来不会长大，几乎能保持栽种时的大小，而且会不断开花，所以非常适合混栽或者吊挂。因此在冬天到来年春天花卉种类较少的季节中，作为混栽的花材很受欢迎。

栽培的重点是在寒冬来临前让植株扎根。在12月中旬前种下，种在花坛中时要再早一些。不过在晚上温度低于0℃的时间持续较长的地区很难栽培。因此，这些地区的花友如果想要栽培，就要在晚上将植株搬到室内，在温暖的白天搬到户外让植株享受阳光。

栽培仙客来的基础知识

根据冬季栽培地点，花盆的种类，是成品植株还是度夏植株，度夏方法不同，仙客来的栽培方法也会有一定区别。

❶ 冬季栽培地点

室内

普通仙客来。
栽培方法从
第 29 页开始

户外

较耐寒的园艺
仙客来。
栽培方法从
第 65 页开始

❷ 花盆的种类

用来栽培仙客来的花盆有两种。

普通花盆

底部开孔的花盆。

NP

● 优点

可以定期补充新鲜水分，让土壤适当地重复"湿润、干燥"的循环，有利于植株扎根。浇足量水，直到水从盆底大量流出为止，冲刷掉多余的肥料和陈旧的废物，避免烂根。

● 缺点

水和液体肥料会沾在花朵或球根上，植株容易出现斑痕或发霉。气候干燥的时期要注意避免粗心导致的缺水情况，否则植株容易枯萎。

● 浇水的方法

"土壤表面干燥后，浇足量水，直到水从盆底大量流出为止"。"表面干燥"是指土壤表面干燥发白。使用 5 号花盆时，最理想的状态是浇 100cm³（100ml）左右的水，让水从盆底流出。

浇水时不要让球根、叶子、花朵沾上水，流到托盘中的水要倒掉。

NP·S.Maruyama

底部浇水花盆

设计成从盆底浇水的花盆。可以根据盛水盘里的水量补充水分，不过双层花盆的类型看不见水量，所以要注意避免缺水。

底部浇水花盆的种类

← 有浇水用凸起的类型

→

没有盛水盘的双层花盆

← 靠无纺布吸水的花盆

● **优点**

叶子、花朵和球根不会直接接触到水或液体肥料，很少会有花瓣上出现斑点或者植株患上灰霉病的情况。和普通花盆相比不容易出现缺水现象。

● **缺点**

因为始终要从底部浇水，所以土壤中水分较多，通气性会变差，会造成夏季土壤温度上升，根部容易腐烂。

● **浇水方法**

基本上以"盛水盘中水量减少"为浇水标志。盛水盘中要始终保持2/3左右的水量。如果水分完全蒸发，会导致土壤干燥，水分无法向上渗透，造成植株枯萎，因此需要多加注意。另外浇水过量会导致烂根。

从花盆底部的缺口处注水。

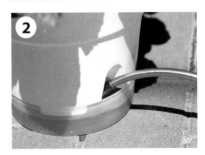

水浇到盛水盘的2/3处。注意不要让水浸泡整个盆底。

❸ 是成品植株还是度夏植株

成品植株

从10月中旬到12月，在园艺店等地购买的已开花植株。成品植株的花盆分为底部浇水花盆和普通花盆两种。

度夏植株

度夏植株是指在家里度过一次以上夏天的植株。仙客来是球根植物，如果能顺利度夏，就能年年欣赏开花的美景。因为度夏植株已经适应了家里的环境，所以比成品植株更能适应温度变化，抗病虫害能力更强。

❹ 在第二年也能欣赏花朵的度夏方法

非休眠法

留下叶子，让植株在生长的同时也能度夏的方法。比采用休眠法度夏的植株早一个月左右开花。初级栽培者选择非休眠法来让植株度夏更容易成功，用非休眠法度夏的植株叫作非休眠植株（参考第46页）。

休眠法

停止浇水，让土壤干燥、叶子枯萎，只留下球根度夏的方法。这样度夏的植株开花时间比采用非休眠法度夏的植株晚一个月左右。使用休眠法度夏的植株叫作休眠植株（参考第47页）。

仙客来栽培流程

让我们来看看使用不同花盆、不同度夏方法的栽培流程吧。

成品植株

NP-f-64 普通花盆

NP 底部浇水花盆

NP 非休眠法 A

NP 休眠法 B

NP 非休眠法 C

NP 休眠法 D

A 型 ⇩ 第30、31页

B 型 ⇩ 第32、33页

C 型 ⇩ 第30、31页

D 型 ⇩ 第32、33页

度夏植株

使用底部浇水花盆的成品植株在度夏后也可以换用大一圈的普通花盆栽培。换盆后，度夏植株要使用普通花盆的管理方法。

NP

13

原种仙客来的魅力

什么是原种仙客来

人们平时所说的"原种仙客来"是指未经过品种改良的"野生品种仙客来",经过改良的仙客来即"园艺仙客来"。园艺仙客来由野生仙客来改良而成。

不同品种的仙客来开花时间不同,有四种类型,分别是先长叶子后开花的"夏季开花品种""冬季开花品种""春季开花品种"和像彼岸花一样先开花后长叶的"秋季开花品种"。大多数品种有"生长期"和开花后到夏季叶子枯萎的"休眠期"(也有一部分常绿品种)。希望增殖时需要播种培育。园艺仙客来在播种后一年左右开花,而原种仙客来根据品种不同,一般需要2~5年。

魅力在于丰富多彩的花朵和叶子

原种仙客来的魅力在于丰富多彩的花朵和叶子。原种仙客来的花朵大小几乎和园艺仙客来相同,或者略小。花瓣形状多样,从尖端细长的春季开花品种到圆润的冬季开花品种应有尽有。花色有白色、粉色、紫红色,有的品种花底部是红色,不过没有纯红色的品种。

叶子的种类格外丰富,有圆叶、细长叶、尖叶、心形叶,等等。颜色有深绿色、银色,花纹千变万化,从没有花纹的叶子到有圣诞树一样花纹的叶子,应有尽有,哪怕只欣赏叶子的变化也可以获得充分的享受体验。

另外,原种仙客来耐寒性较强,和园艺仙客来一样可以种在户外,这也是原种仙客来的一大魅力。

栽培方法的重点(盆栽)

日本市面上的原种仙客来大体可以分为"秋季开花品种""冬季开花品种""春季开花品种"。生长阶段大体分为"生长期""休眠期"和"开花期",除开花期以外,各个品种的其他两阶段区别不大。花盆栽培的重点请参考第16页"工作、管理月历","庭栽的乐趣"则在第17页。

■ **放置地点** 6月到9月上旬放在明亮而凉爽的背阴处,其他时间放在日照充足的户外栽培。要避免在室内栽培,因为植株会由于阳光不足而徒长,不容易开花。为躲避雨水和冬季的寒风、冰霜,可以将植株放在屋檐下等地方。

以色列自生的仙客来（Cyclamen persicum）（上/自然保护区）和小花仙客来（Cyclamen coum）（右/奥德姆的森林）。

■ **浇水** 严禁浇水过量。6—8月是休眠期，但要避免土壤干透。土壤表面干燥后，浇适量水，保持土壤上半部分微微湿润（每月浇2次左右）。冬天也是等土壤表面干燥后浇水，除冬季开花品种之外，等土壤表面干燥1~3天后，浇水至土壤上半部分湿润为止。

■ **肥料** 与园艺仙客来相比，原种仙客来所需肥料较少。气温在18~22℃的3月下旬到6月上旬、9月中旬到11月中旬是最合适的施肥时期。钾元素含量多的液体肥料（N、P、K质量比约为6.5∶6∶19）按规定倍率稀释，每两周施一次肥即可。

■ **换盆** 2~3年换一次盆。生长期换盆会伤害根部导致其腐烂，所以换盆要在休眠期进行。

↓希腊自生的常春藤叶仙客来（Cyclamen hederifolium）。希腊随处可见的花朵，会出现在森林中和遗迹的角落。

原种仙客来（盆栽）栽培的主要工作和管理要点月历

以日本关东以西为准（气候类似我国长江流域）

		1月	2月	3月	4月	5月	6月	7月	8月	9月	10月	11月	12月
生长状态	秋季开花品种		生长	生长	生长	生长	休眠	休眠	休眠	开花	开花	生长	生长
	冬季开花品种	开花	开花	生长	生长	生长	休眠	休眠	休眠	生育	生育	开花	开花
	春季开花品种	生长	生长	生长	开花	开花	休眠	休眠	休眠	生长	生长		
主要工作					采种、播种	采种、播种			播种	播种			
							栽种、换盆	栽种、换盆					
				苯菌灵（萎缩病）	苯菌灵（萎缩病）								
管理要点	放置地点						明亮凉爽的背阴处	明亮凉爽的背阴处	明亮凉爽的背阴处				
		阳光充足的户外	阳光充足的户外	阳光充足的户外	阳光充足的户外	阳光充足的户外				阳光充足的户外	阳光充足的户外	阳光充足的户外	阳光充足的户外
	浇水			表面土壤干燥后，浇水到土壤上半部分微微湿润（每月浇2次左右）									
		表面土壤干燥后浇水	表面土壤干燥后浇水	表面土壤干燥后浇水						表面土壤干燥后浇水	表面土壤干燥后浇水	表面土壤干燥后浇水	表面土壤干燥后浇水
	施肥	每两周施一次液体肥料（按照规定倍率稀释）											
						每两周施一次液体肥料（按照规定倍率稀释）							

秋季开花品种　常春藤叶仙客来

NP-S.Maruyama

冬季开花品种　小花仙客来

NP-H.Imai

春季开花品种　仙客来

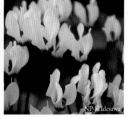

NP-K.Idesawa

享受在庭院中种植原种仙客来的乐趣

原种仙客来种类繁多，性质各有不同。虽然有的品种难以在庭院中种植，但为了帮助您享受到庭院种植的乐趣，为您介绍一些重要的共同点。

▇ 栽种时期

一般来说，从6月到9月上旬植株开始扎根前都可以栽种。秋天进入生长期后开始长出新芽，根部容易受伤，会出现烂根现象，不适合栽种。

▇ 栽种场所

最理想的场所是上午能晒到太阳，通风好，排水好，土壤容易干燥的场所。栽种场所1天中至少能照到一段时间阳光，但是要避免西晒等强光照。

▇ 翻土

为了提高土壤的排水能力，要翻起约30cm深的土。在大约1L（0.001m³）挖出的泥土中，混入0.5L等量混合的腐叶土和赤玉土（小粒）后回填。栽种前不要施肥。

▇ 栽种

在花盆中栽培2~3年，开过一次花的植株最合适。为了防止根部受伤，从花盆中拔出后不要破坏根部周围的土壤，栽种时要注意根部所带的土壤不要完全埋在土中（参考第81页）。栽种后，在距离根部5~7cm的位置呈圆环状施磷元素含量较多的颗粒状缓效性复混肥料（N、P、K

的质量比为6：40：6，每株植物3g左右）做基肥，并使肥料混入表层土壤（深度1~2cm）。然后浇足量水。

▇ 浇水

栽种后一个月，为了让植株牢牢扎根，土壤表面干燥后浇足量水。之后在不下雨时才浇适量水，注意不要浇水过多。

▇ 栽种后的管理

在冬天气候寒冷会结霜的地方，要用树皮碎屑和腐叶土等护根。但是如果栽种后立刻采取护根措施，会妨碍水分蒸发，让土壤难以干燥，所以要等天气变冷后再采取措施。

少用肥料，气温在18~22℃的3月下旬到6月上旬及9月中旬到10月下旬最适合施肥。钾元素含量多的液体肥料（N、P、K的质量比约为6.5：6：19）按规定倍率稀释，每两周施一次肥即可。

仙客来图鉴

仙客来的园艺品种无论颜色还是形状都种类繁多，仙客来新品种也不断登场。本部分将为您介绍比较容易上手的代表性品种。

丰富的花色

仙客来有红色、白色、不同深浅的粉色、蓝色等花色，可以享受颜色变化正是仙客来的魅力之一。大花型的"作曲家系列"中，不同名称的仙客来颜色不同。

红色系

施特劳斯（Strauss）

"作曲家系列"之一，很受欢迎，花色是温柔的红色。

KANEKO SEEDS

黄色系

新黄金少女（Neo Golden Girl）

花底部有红色的品种。底部没有红色的是"新黄金少年（Neo Golden Boy）"。

粉红色系

KANEKO SEEDS

海顿（Haydn）

"作曲家系列"之一，花色是美丽的深粉色。

注：标注"KANEKO SEEDS"的仙客来品种，都不能向日本之外的其他国家及地区输出，且不接受来自其他国家及地区的种苗订单。

舒伯特（Schubert）

"作曲家系列"之一，花色是华丽而温柔的粉色。

江户之蓝

在人气很高的蓝色系中属于颜色浓郁清新的品种。

Cyclamen

贝多芬（Beethoven）

"作曲家系列"中很受欢迎的紫红色品种。

鲍罗丁（Borodin）

"作曲家系列"之一，花色是纯净的白色。

Cyclamen

花朵的花纹

仙客来的花瓣上会有几种类型的花纹，
有边缘"覆轮"的，有底部带"底红"的，
有带"刷毛目"式条纹的，风格多样。

胭脂雨（Shower Rouge）

既有像雨丝一样纤细的"刷毛目"式条纹，也有覆轮花纹。

紫耳环

渐变的"刷毛目"式条形纹路非常美丽。

NP-M.Fukuoka

维多利亚（Victoria）

花瓣边缘的褶皱形覆轮花纹和底部的红色非常优雅。

唇彩橙（Lip Orange）→

渐变的覆轮花纹很有特点。

绿野仙踪（Harlequin）

大胆的条纹夺人眼球。

鸟羽（Plumage）

白色与粉色的对比令人印象深刻。

塞丽娜紫（Serena Purple）

白色覆轮花纹与"刷毛目"式条纹组合，颜色鲜艳醒目。

蝴蝶

花纹为蓝紫色与白色条纹的组合，花朵的形状就像蝴蝶的翅膀。

Cyclamen

花朵的形状

仙客来一般的开花方式是花瓣全部向上卷，但也有很多花瓣不向上卷而是向下的品种。花形类别有锯齿或褶边的"皱边型"，也有边缘带波浪的"洛可可型"，还有像短裙一样的"钟型"，甚至有些花形非常另类，会让人难以相信"这竟然是仙客来？！"。

↑ **女主角金**（Primadonna Golden）

花瓣"刷毛目"式条纹末端与金色覆轮花纹相接，花形是向下开放的钟型。

↑ **玲珑大理石**（Elfin Marble）

大波浪形的花瓣很华丽。像大理石纹理一样的"刷毛目"式花纹也是其特征。

冬樱 F1 姬红→

朝下的花瓣大张，呈螺旋桨状开花。大花萼颜色有所不同。

22

NP-S.Maruyama

K 凯美瑞系列
（K Camry series）

圆形的花瓣上有优雅的褶边。
花形也有向下开放的钟型。

↓重瓣轻盈紫

花向下大张，呈螺旋桨状开放，花瓣上有波浪状
褶皱，白色大花萼看起来也像花瓣。

SNOW BRAND SEED

Taiei Kaen

安茹（Anjou）

十分少见的珍贵品种，向上开放。

MAISON de Famille

NP-S.Takasaki　Taiei Kaen　Takeichi Noen

小夜曲丁香荷叶
（Serenade Lilac Frills）

淡蓝紫色、给人柔和印象的
重瓣花。

凯伦（Karen）

纯白色的花朵楚楚动人，存在感
强，叶子的花纹也很美丽。

精灵皮克（Fairy Pico）

耐寒性强的重瓣园艺仙客来。
花期很长，一朵花能够观赏一
个月以上。

重瓣花

华丽的重瓣花品种也很多。比一般的重瓣花
花瓣还多的品种叫作"万重花"。

玫瑰玫瑰

可爱的园艺仙客来，花梗下
垂，花形圆润，中花品种。

M&BFlora

高脚杯（Goblet）

华丽的园艺仙客来，花就像装着红酒的高脚杯。

Takeichi Noen

中花品种、迷你（小花）品种

近年来，花和叶子都很小巧的仙客来人气颇高。花瓣的长度小于 4cm 的"迷你仙客来"比大花型和中花型仙客来开花更多，生命力更强。

Cyclamen

爆米花（Pipoka）

Pipoka 为葡萄牙语。中花型园艺仙客来，皱边花瓣仿佛要炸开一般。

娇美布兰奇（Minion Blanche）

纯白色的花瓣和粉色的覆轮花纹都很醒目美丽的迷你品种。

Takeichi Noen

SNOW BRAND SEED

Cyclamen

↑ 蝴蝶犬（Papillon）

拥有可爱圆形花瓣的中花品种。花瓣边缘有白色的"刷毛目"式条纹。

↓ 超级系列的维莱诺白眼
（Verano White with Eye）

花朵数量格外多的园艺仙客来。这个系列颜色种类丰富，图中的是花色为白色带"底红"的品种。

NP-S.Takasaki

↑ 塞雷纳迪亚芳香蓝
（Serenade Aroma Blue）

可以享受清爽香气的蓝色系小花品种。

M&BFlora

CYCLAMENS MOREL / E. ULZEGA

绯红迪科拉（Scarlet Red Decora）

园艺仙客来，花色鲜艳，带银边的叶子很有特点。

Takeichi Noen

衬裙（Petticoat）

花像喇叭裙一样展开。即使只有一株也颇具存在感的园艺仙客来。

Cyclamen

娜娜（Nana）

中花品种，魅力在于闪亮的花色。花瓣颜色向尖端逐渐加深。

M&BFlora

幻想曲（Fantasia）

花期长的园艺品种，白色覆轮花纹和花色的对比很美。

幻景（Dreamscape）

华丽的中花园艺仙客来。

Takeichi Noen

M&BFlora

普通仙客来
12 月栽培笔记

总结每个月的主要工作和管理要点，简单易懂。
在每个季节给予仙客来适当的照料，
就能让植株不断开出美丽的花朵。

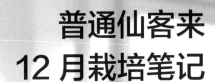

Cyclamen

普通仙客来栽培的主要工作和管理要点月历（A型、C型）

	1月	2月	3月	4月	5月
生长状态		成品植株开花			
		度夏植株开花			
主要工作			采集种子		→ p70
		播种		→ p88	
			整理叶片		→ p40
				p42 ←	苯菌灵 （萎缩病）
管理要点				光照好、 不会淋雨的户外	
放置地点 ☀	室内光照良好的窗边 （温暖的日子可以放在光照良好的屋檐下）				
浇水 （A型）💧	土壤表面干燥后，为植株浇足量水（普通花盆）				
浇水 （C型）💧	盛水盘中水量减少后补充（底部浇水花盆）				
施肥			每周施一次液体肥料（按照规定倍率稀释）		
	p37 ← ● 施放置型肥料 （2个月1次）			● 施放置型肥料 （2个月1次）	

A 型（种于普通花盆中的植株，采用**非休眠法**度夏的情况：参考第 13 页）

C 型（种于底部浇水花盆中的植株，采用**非休眠法**度夏的情况：参考第 13 页）

以日本关东以西为准（气候类似我国长江流域）

6月
7月
8月
9月
10月
11月
12月
成品植株开花
生长
度夏
度夏植株开花
换盆
p54 ~ p57
播种
整理叶片
p59
甲基硫菌灵
（灰霉病）
p52
苯菌灵
（萎缩病）
p48
光照好、
不会淋雨的户外
户外，通风良好、明亮凉爽的背阴处
每两周施一次液体肥料（按照规定倍率稀释）
每周施一次液体肥料（按照规定倍率稀释）
每两周施一次液体肥料（按照规定倍率的 2 倍稀释）
施放置型肥料
（2 个月 1 次）
施放置型肥料
（2 个月 1 次）

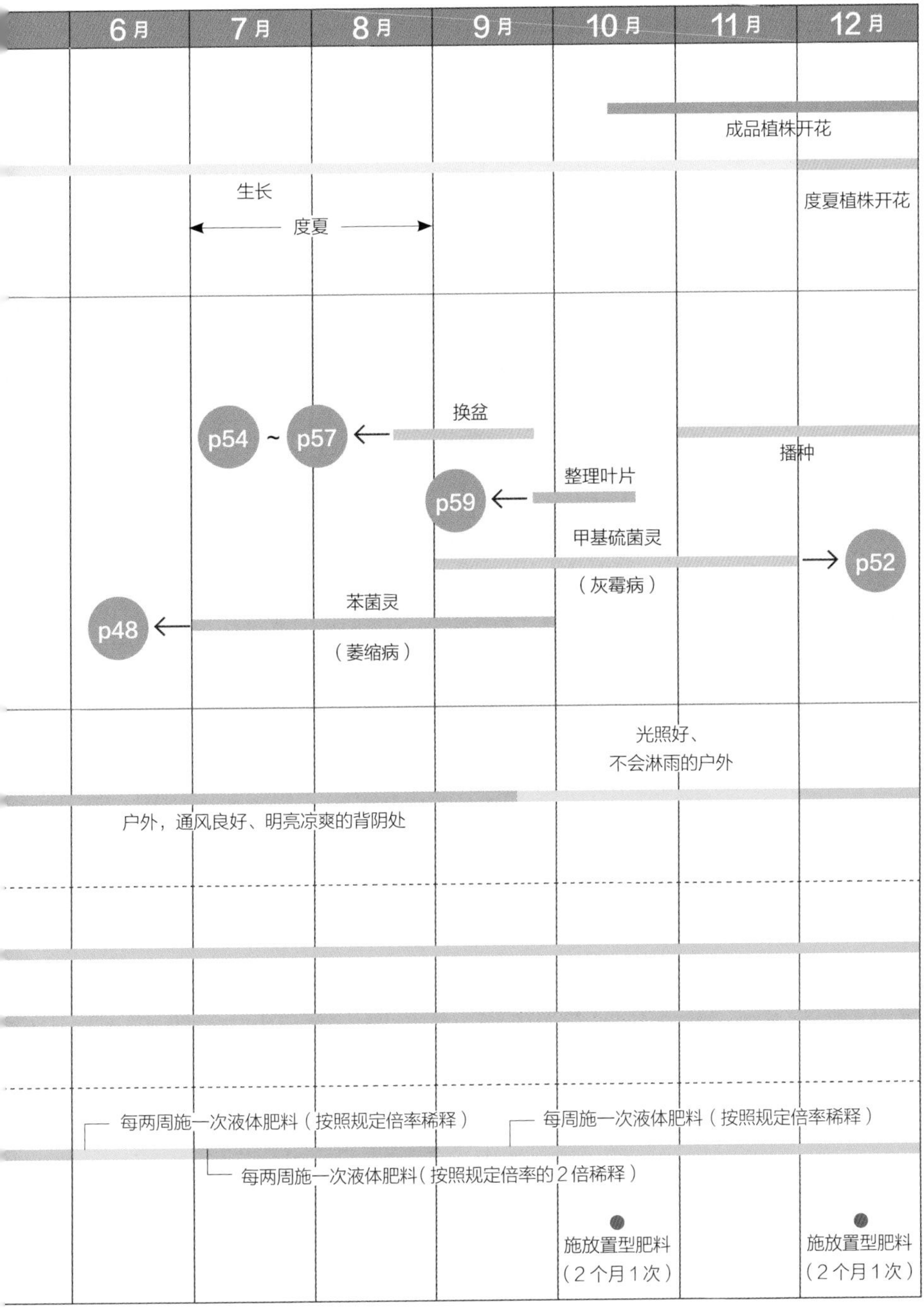

普通仙客来栽培的主要工作和管理要点月历（B型、D型）

	1月	2月	3月	4月	5月
生长状态		成品植株开花			生长
		度夏植株开花			
主要工作			采集种子		→ p70
		播种		→ p88	
			整理叶片		→ p40
				p42 ←	苯菌灵 （萎缩病）
管理要点 放置地点				光照好、 不会淋雨的户外	
	室内光照良好的窗边 （温暖的日子可以放在光照良好的屋檐下）				
浇水 （B型）		土壤表面干燥后，为植株浇足量水（普通花盆）			
浇水 （D型）		盛水盘中水量减少后补充（底部浇水花盆）			
施肥			每周施一次液体肥料（按照规定倍率稀释）		
	p37 ← ● 施放置型肥料 （2个月1次）			● 施放置型肥料 （2个月1次）	

B 型（种于普通花盆中的植株，采用**休眠法**度夏的情况：参考第 13 页）
D 型（种于底部浇水花盆中的植株，采用**休眠法**度夏的情况：参考第 13 页）

6月	7月	8月	9月	10月	11月	12月

成品植株开花

休眠
度夏
生长
度夏植株开花

换盆
p54 ~ p57 ←

整理叶片
p59 ←

甲基硫菌灵
→ p52
（灰霉病）

苯菌灵
p52 ←
（萎缩病）

播种

光照好、
不会淋雨的户外

户外，通风良好、明亮凉爽的背阴处

无须浇水　　土壤表面干燥后，为植株浇足量水（普通花盆）

无须浇水　　盛水盘中水量减少后补充（底部浇水花盆）

无须施肥　　每周施一次液体肥料（按照规定倍率稀释）

● 施放置型肥料
（2 个月 1 次）

● 施放置型肥料
（2 个月 1 次）

基本 基础工作

挑战 针对中级、高级园艺爱好者的工作

1月的普通仙客来

前一年秋天到冬天购买的成品植株，花朵依然在开放。一方面，由于小小的管理失误，会出现花朵变小，花数逐渐减少，叶子过度生长导致变形的植株（徒长植株）。

另一方面，度夏时不休眠的植株开始开花，即将迎来盛开的时期；休眠的植株中，生长较快的植株已经开始开花。

开始开花的度夏休眠植株。

主要工作

基本 **摘花头、枯叶**（参考第62页）

摘掉枯萎的花朵和叶子

凋谢的花和枯萎的叶子要从根部摘下，如果留下会成为植株生病的诱因，所以要细心检查。

基本 **为叶子喷水**

白天用喷壶为叶子喷水

当室内由于暖气等原因干燥时，要在白天用喷壶为叶子喷水保持湿度。不过要注意喷水量，需保证叶片在温度下降的傍晚时已经干燥。另外，如果水喷到花瓣上可能会导致花瓣出现斑点，要注意避开花朵。

在暖气好、光照不足的室内培育，导致徒长的成品植株。

❄️ 温暖的日子里放到户外，让植株适当享受日光浴

🌙 底部浇水花盆的盛水盘中水量减少，普通花盆中的土壤表面干燥后要浇足水

🔳 每周施一次液体肥料，并为度夏植株每两个月施一次放置型肥料

管理要点

🛒 成品植株

❄️ **放置地点：昼夜要改变地点，温暖的日子里放到户外让植株享受日光浴**

光照不足会导致植株徒长，花朵变少，所以每天要将植株放在窗边4~5个小时晒太阳。近年来，有隔绝紫外线效果的玻璃和窗帘也在增加，要注意在使用类似产品的室内，植株无法充分吸收阳光。

温暖的日子（10℃以上）要尽可能地让植株在户外享受日光浴，下午3点前将植株搬回室内，不要让植株吹到冷风。特别是使用隔绝紫外线的玻璃和窗帘容易导致光照不足，所以要尽可能地让植株在户外接受日光照射。

另外，室内的窗边在凌晨时温度会急剧下降，所以睡觉前要将花盆移到房间中间，防止植株周围温度发生剧烈变化。

🌙 **浇水：干燥后在上午浇足水**

要在温暖的上午浇水。在傍晚和夜间浇水会导致土壤温度下降，损伤植株根部，因此要避免在以上时段浇水。

底部浇水花盆 盛水盘中水分减少后，浇水至水位上升到盛水盘深度的2/3左右。请注意，如果花盆底部浸入水中，则会导致土壤过湿，造成烂根。

普通花盆 土壤表面干燥后浇足水分，直到水从盆底流出为止，但是盛水盘中不要积水。另外，如果浇水太少，盆底没有水流出，不仅无法让所有土壤吸收到新鲜水分，还会导致植株烂根，所以需要避免这种情况。

🔳 **施肥：每周施一次液体肥料**

最低环境温度低于5℃或者日照不足时，肥料的效果会变差，所以要在温暖的上午施肥。

底部浇水花盆 每周施一次肥，倒掉盛水盘中残留的陈水和液体肥料，换上新的液体肥料（钾元素含量多的液体肥料，按照规定倍率稀释，参考第36页）。液体肥料的量大约占盛水盘容量的2/3。盛水盘中的液体肥料完全被吸收后再补充水分。

普通花盆 除浇水之外，每周要施一次钾元素含量多的液体肥料（按规定倍率稀释），从土壤上方浇到水从花盆底部流出为止。土壤表面过于干燥时，可以稍微浇些水后再施肥。从花盆底部流出的液体肥料不要积攒在盛水盆中。

☀ 度夏植株（普通花盆）

❄ **放置地点：温暖的日子里放到户外，让植株享受日光浴**

尽可能接受阳光照射。度夏植株比成品植株更健壮，抗寒能力更强。所以，在温暖的日子里放到户外享受阳光，能够加速植株开花。

在高温干燥的室内，开始生长的花蕾会中途枯萎，所以要避免将植株养在供暖太足的房间。另外，在一日中最高温度和最低温度差距较小的房间缓慢生长的植株开花晚，会在 2 月下旬到 3 月盛开。请不要因为担心而将植株放在温暖的房间强制性地促进它生长。

阳光照不到的玄关等地方绝对不是植物会喜欢的环境，所以购买了多盆植株时，每隔两三天要轮流让植株在户外享受日光浴。

🔹 **浇水：干燥后在上午浇足水**

参考种在普通花盆中的成品植株（参考第 35 页）。球根中央接触到水分会导致球根腐烂，引起灰霉病，因此要注意。

🔹 **施肥：每两个月施一次放置型肥料，每周施一次液体肥料**

每隔两个月一次在土壤表面放置三要素等量的片剂型缓效性复混肥料。但是，不要在土壤难以干燥的阴雨天气施肥。如果 12 月已经施过肥，则本月无须施肥。

还要每周施一次钾元素含量多的液体肥料（按规定倍率稀释），在土壤上方足量施肥。如果在花蕾生长过程中肥料不足会导致花朵变小，所以要注意避免断肥。

基本 施肥方法

栽培普通仙客来时，要使用液体肥料和片剂型缓效性复混肥料。

液体肥料

按各种肥料的规定倍率稀释后使用。如果使用 1000 倍的液体，就要用

1L 水稀释 1ml 液体肥料原液。栽培普通仙客来时要按照规定倍率稀释液体肥料，夏季按规定倍率的两倍稀释。

在塑料瓶等容器中倒入适量原液，然后倒水稀释。

基本 放置地点

正确范例

✓ 日照充足的窗边。不过夜间
要将植株移到房屋中间。

仙客来不喜欢一日中最高温度和
最低温度差距（温差）较大的环境，所
以最理想的情况是配合温度变化改变放
置地点。在一日中最低温度为 5~7℃，
最高温度为 20~22℃，温度差在 15℃
以内的环境中，仙客来可以茁壮成长。

错误范例

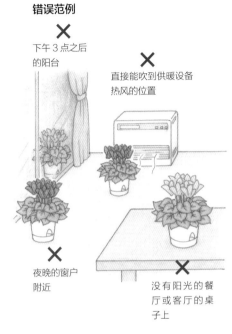

✕ 下午 3 点之后
的阳台

✕ 直接能吹到供暖设备
热风的位置

✕ 夜晚的窗户
附近

✕ 没有阳光的餐
厅或客厅的桌
子上

底部浇水花盆   **普通花盆**

使用底部浇水花盆时，要倒掉盛水盆中残留的
陈旧液体肥料和水，倒入新的液体肥料。使用
普通花盆时，要注意肥料不能接触花、叶和球根，
应在植株根部施足量肥料。

放置型肥料

　　片剂型缓效性复混肥料不要直接
接触球根，应放在靠近花盆边缘的位
置。肥料埋在土壤中会迅速分解，导致
植株根部受伤，所以一定要放在土壤表
面。使用底部浇水花盆时，也是只放在
土壤表面就会有效果。下方右边的照片
就是直接让球根接触肥料的错误范例。

37

本月的主要工作

基本 摘花头、枯叶

基本 基础工作

挑战 针对中级、高级园艺爱好者的工作

2月的普通仙客来

来到了一年中最寒冷的时期，成品植株在室内放置的时间变长。日照不足会导致叶子变黄，出现稍微有些虚弱的植株。不过，只要这段时期的管理做得好，等到3月气温回升后植株会再次花繁叶茂。

度夏的非休眠植株和休眠植株迎来盛开的时期，此时也是正式栽培一年后收获喜悦的时候。

迎来盛开时期的度夏植株。

主要工作

基本 摘花头、枯叶（参考第62页）

仔细地从根部摘掉

如果留下凋谢后的花，结种会成为植株变虚弱的诱因，所以要从与球根相连的地方摘下枯花。摘枯叶时同样要注意避免折断叶柄。

管理要点

🛒 成品植株

☀ **放置地点：昼夜要改变地点，温暖的日子里放到户外让植株享受日光浴**

参考1月的情况（参考第35页）。

只放在室内栽培会导致光照不足，好不容易长出的花蕾会中途枯萎，无法开花，或者花色变淡。另外会出现叶片变薄，叶子颜色变淡，老叶开始枯黄的现象。特别是在日照不足且供暖太足的房间里，植株更容易出现上述现象，因此在温暖的日子（10℃以上）里要尽可能地让植株在户外享受日光浴。

💧 **浇水：干燥后在上午浇足水**

参考1月的情况（参考第35页）。

本月的管理要点

❄ 更换白天和晚上的放置地点，让植株适当地享受日光浴

🌢 底部浇水花盆的盛水盘中水量减少，普通花盆中的土壤表面干燥后要浇足水

🎲 每周施一次液体肥料

底部浇水花盆的盛水盘很难完全干燥，所以就算依然有水残留，也要每周换一次水。

🎲 **施肥：如果日照不足，则每两周施一次肥**

参考1月的情况（参考第35、36页）。植株养在日照不足的地方时，施液体肥料的时间间隔要拉长，以两周一次为基准。

只在温暖的白天将植株放到户外享受日光浴。整理叶片（参考第59页）后，让阳光照在球根表面能够促进花蕾生长。下午3点前将植株搬入室内。

☀ 度夏植株（普通花盆）

❄ **放置地点：温暖的日子里放到户外让植株享受日光浴**

参考1月的情况（参考第36页）。

以凌晨时的最低温度为基准，一日内最高温度与最低温度的差距不得超过15℃（如凌晨时的温度是5℃，则当日温度不得高于20℃），植株就能茁壮成长。虽然温度较低时花蕾的生长速度会变慢，不过只要日照充足，植株就能渐渐开花，可以长时间地赏花。

🌢 **浇水：干燥后在上午浇足水**

参考1月的情况（参考第36页）。

如果盛水盘在夜间有水残留，会导致土壤温度降低，致使植株烂根，因此花盆中流出的水必须倒掉。

🎲 **施肥：每两个月施一次放置型肥料，每周施一次液体肥料**

参考1月的情况（参考第36页）。如果1月没有施放置型肥料，则在本月施肥；如果1月已经施肥，则本月无须施肥。

这段时期花开得正好，如果断肥，则容易出现花蕾生长变慢，花朵变小，植株徒长等现象，所以液体肥料不能少。

基本 摘花头、枯叶

基本 病虫害防治

挑战 整理叶片

基本 基础工作

挑战 针对中级、高级园艺爱好者的工作

3月、4月的普通仙客来

成品植株的花朵数量逐渐减少，进入4月后，徒长和枯叶情况变得明显。这段时期在欣赏花朵的同时，要注意虚弱植株的恢复情况。从3月下旬开始放在户外栽培。

度过夏天、冬天的非休眠植株和休眠植株在3月依然鲜花盛开。进入春季后植株会长大一圈。4月植株依然会继续开花，不过随着气温上升叶子会变黄，出现枯叶。

3月，花朵数量减少，叶子颜色变淡的成品植株（上图）。

4月，花期结束，只剩叶子的成品植株（左图）。

主要工作

基本 摘花头、枯叶（参考第62页）

仔细地从根部摘掉

这段时期容易结种，所以要仔细地摘掉开败的花朵和枯叶。如果花梗和叶柄折断，则有可能引发灰霉病，所以必须从与球根相连的地方摘掉。

基本 病虫害防治（参考第85页）

注意防蓟马，灰霉病

气温上升后空气干燥，植株容易生蓟马。要拉开花盆之间的距离，加强通风预防害虫。灰霉病同样可以通过加强通风预防。如果植株已经生虫或发病，要立刻将其转移到其他地方隔离。

挑战 整理叶片（参考第59页）

让阳光照在植株中央

为了促进新芽生长，要整理叶片，让阳光照在植株中央。

本月的管理要点

❄ 更换白天和晚上的放置地点，让植株适当享受日光浴，最低气温高于10℃后终日放在户外即可

💧 底部浇水花盆的盛水盘中水量减少，普通花盆中的土壤表面干燥后要浇足水

🎲 每周施一次液体肥料，每两个月施一次放置型肥料

1月

2月

3月

4月

5月

6月

7月

8月

9月

10月

11月

12月

管理要点

所有植株

❄ **放置地点：最低气温高于10℃后终日放在户外**

白天气温高于10℃后，要将植株移到户外，充分接收阳光，促进其生长。3月中旬前，白天将植株放在户外温暖的向阳处，晚上搬回室内。

最低气温高于10℃后，晚上也可以把植株放在户外的房檐下等地方。这段时期要避免让植株承受春季的长期降雨。

进入4月后，终日将植株放在户外日照充足、通风良好的位置管理。因为此时容易出现灰霉病等疾病，所以将植株放在屋檐下等能够避雨的位置更让人安心。如果家里有好几盆植株，要注意保持距离，避免叶子之间相互遮挡。

4月下旬，日照越来越强，会出现叶烧现象，可以将植株搬到明亮的背阴处或者用寒冷纱（遮光率为30%左右）遮挡，防止阳光直射。

💧 **浇水：干燥后浇足水**

气温上升，且植株正在生长，所以土壤容易干燥。每天都要观察土壤的湿度，若普通花盆中的土壤表面干燥，底部浇水花盆的盛水盘中水量减少，就要浇水了。一旦断水，叶子只需一天就会发黄，植株立刻开始发蔫，因此要注意避免植株缺水。

断水一次后，种在底部浇水花盆中的植株便会难以吸收水分，所以要从土壤表面浇足量水，使土壤充分湿润后再从底部浇水。这时，盛水盘中积攒的水务必要倒掉，然后换上新水。

🎲 **施肥：每周施一次液体肥料，每两个月施一次放置型肥料**

3月下旬植株开始进入生长旺盛期，在开花的同时，植株也在生长，所以要避免断肥。

继续以每周施一次液体肥料，每两个月施一次放置型肥料的方式施肥。如果2月没有施放置型肥料，则在3月施肥，如果2月已经施过肥，则等到4月再施肥。

41

May

5月

基本 基础工作

挑战 针对中级、高级园艺爱好者的工作

5月的普通仙客来

随着气温上升，几乎所有成品植株都不再开花，只剩下叶子。度夏植株也即将结束花期。

冬天经过妥善管理的植株，叶子生长旺盛，球根也会变大；而在日照不足的情况下生长的植株，新叶较少，老叶发黄，叶子数量减少。

老叶逐渐枯萎，叶片变少的成品植株。

主要工作

基本 **摘花头、枯叶**（参考第62页）

摘取时要仔细

仔细摘掉开败的花朵和枯叶。出于预防病虫害的目的，从根部摘掉花叶，并保持良好的通风和日照是很重要的。

基本 **病虫害防治**（参考第85页）

喷洒杀菌剂的水溶液来预防病虫害

由于这段时期容易生蓟马，所以要拉开花盆之间的距离，加强通风预防害虫。另外还容易出现萎缩病，即植株的一部分叶子突然发黄、枯萎。所以为了预防此病，要在土壤表面喷洒苯菌灵的水溶液。

叶子因萎缩病变黄的植株。

本月的管理要点

❋ 放在通风良好的明亮背阴处

💧 底部浇水花盆的盛水盘中水量减少，普通花盆中的土壤表面干燥后要浇足水

⚄ 每周施一次液体肥料，每两个月施一次放置型肥料

管理要点

所有植株

❋ 放置地点：**通风良好的明亮背阴处**

　　因为日照越来越强，所以要将植株放在户外的屋檐下等明亮背阴处，或者用遮光率为30%~40%的寒冷纱遮光。原本放在室内或背阴处的植株如果突然接触直射阳光，一天之内就会出现叶烧现象，要注意避免。

　　另外，将植株放在阳台角落等通风不好的地方会导致叶子变黄，并且逐渐脱落。不要直接将花盆放在水泥或者地面上，而应放在淋不到雨，通风良好的架子上等地方。

💧 浇水：**注意避免断水**

　　如果断水，不仅会导致叶子变黄，生长期的球根还容易开裂。

　　 底部浇水花盆 随着气温上升，盛水盘干燥得越来越快，要在干燥前补充水。如果土壤潮湿，盛水盘中的水不见减少，就要取下盛水盘，用与普通花盆相同的浇水方法进行管理。

　　 普通花盆 植株根部大量吸收水分，土壤会很快干燥，因此在土壤表面干燥后要浇足水分。

⚄ 施肥：**叶子数量少的植株只需要施液体肥料，叶子数量多的植株继续施放置型肥料**

　　叶子数量不同，施肥的方法不同。

　　叶子变黄减少的植株只需要施液体肥料，继续保持每周一次的频率。

　　叶子超过15片的植株依然在继续生长，所以在施液体肥料的同时，继续每两个月施一次放置型肥料。

突然接触直射阳光，发生叶烧现象，叶子变黄的植株。

因为断水开裂的球根（参考第90页）。如果开裂处接触到水，则植株很容易生病。

基本 基础工作

挑战 针对中级、高级园艺爱好者的工作

6月的普通仙客来

随着气温上升，茁壮成长的植株不再长新叶。

气温达到 25℃ 以上后，老叶开始变黄枯萎，叶子数量减少，不过球根开始变大。包括梅雨季节在内，这段时期要开始为植株能顺利度夏做准备了。

随着气温上升，叶柄徒长、叶子变少的成品植株。

主要工作

基本 **度夏准备**（参考第 46、47 页）

仔细观察植株的状态，决定度夏方法

仙客来的度夏方法有两种，分别是非休眠法与休眠法。要仔细观察植株的状态后进行选择，为度夏做准备。

球根坚固、壮实的植株基本上能够顺利度夏。就算叶子枯萎，叶柄徒长，只要球根坚硬就没问题。不过很遗憾，如第 47 页下方图 A~D 所示的植株恐怕难以度夏。

管理要点

😊 非休眠植株

❄ **放置地点：通风良好的明亮背阴处**

梅雨季节，要将植株放在户外淋不到雨、通风良好的明亮背阴处管理。使用寒冷纱的话，要使用遮光率低于 50% 的产品。

花盆摆放密集容易导致叶柄徒长，植株生病，所以花盆之间要保持距离。梅雨季节结束后，直射阳光会引发叶烧现象，所以要避免阳光直射。

本月的管理要点

❄ 非休眠植株：要放在通风良好的明亮背阴处
休眠植株：等到叶片全部枯萎后放在凉爽的背阴处

💧 非休眠植株：约每周浇一次水
休眠植株：不需要浇水

✿ 非休眠植株：每两周施一次液体肥料
休眠植株：不需要施肥

💧 浇水：**约每周浇一次水**

底部浇水花盆 在高温时期，由于植株生长速度变慢，根部吸水能力变差，因此盛水盘中的水量不怎么减少。由于水中会生出水藻，水质变差，所以要每周换一次水，洗净水藻。如果水量依然没有减少，就取下盛水盘，用普通花盆的浇水方法管理。

普通花盆 必须要等到土壤表面干燥后再浇水，直到水从花盆底部流出为止。

底部浇水花盆的盛水盘中生出的水藻要冲洗干净。

NP

NP

✿ 施肥：**每两周施一次液体肥料**

底部浇水花盆 虽然要继续施液体肥料，不过频率变成两周一次。和之前一样，倒掉盛水盘中残留的水和液体肥料后再加入新的液体肥料。

普通花盆 虽然要继续施液体肥料，不过频率变成两周一次。

🌙 休眠植株

❄ 放置地点：**通风良好的明亮背阴处**

放在屋檐下等不会淋到雨的明亮背阴处，叶子全部枯萎后，转移到房屋北侧等凉爽的背阴处。

要注意与其他植物保持距离，避免在为其他植物浇水时让普通仙客来接触到水。

💧 浇水：**不需要**

底部浇水花盆 普通花盆 都无须浇水。对已经断水的植株依然不时地浇水，会导致球根腐烂，因此要避免。

✿ 施肥：**不需要**

断水后的植株完全不需要施肥。

仙客来最怕高温潮湿的夏天，度夏方法有非休眠法和休眠法两种。虽然非休眠法需要一些技巧，不过，使用此法栽培的植株从秋天开始的生长状况会更好，因此推荐新手使用非休眠法。

非休眠法（湿法）

非休眠法是指将叶子多于 10 片的植株（8 月下旬以后可能会减少到 5 片左右）放在户外通风良好、凉爽的明亮背阴处继续浇水、施肥，让植株一边生长一边度夏。因为植株夏季也在生长，所以与使用休眠法度夏的植株相比，开花时间早一个月左右。一般可以在 12 月下旬到来年 4 月欣赏到花朵绽放的景象。

普通仙客来怕高温多湿的气候，在这段条件残酷的时期不让植株休眠的话，就要格外注意病虫害以及高温、烂根对植株造成的伤害。如果没有适合使用非休眠法的场所，即通风好的凉爽背阴处，那么使用休眠法成功率会更高。

如果叶子在中途掉光了

如果将植株放在通风不好的地方，或者浇水过多导致烂根，非休眠植株的

适合使用非休眠法度夏的植株，叶子多于 10 片。

叶子就会枯萎。这时要停止浇水、施肥，转而使用休眠法让土壤干燥，只留下球根度夏。不过用手指按压球根时，如果发现球根变软，则说明球根腐烂了，需要丢弃。

叶子全部枯萎的非休眠植株。要停止浇水、施肥，使用休眠法管理。

度夏地点

非休眠植株度夏的重点在于如何保持植株周围凉爽。特别是在不断出现热带夜（夜间最低气温超过 25℃）的地点，植株会出现因闷蒸而腐烂的现象。

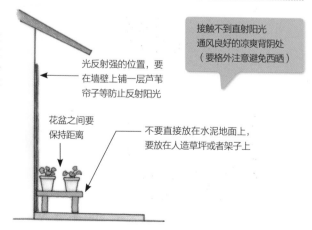

接触不到直射阳光通风良好的凉爽背阴处（要格外注意避免西晒）

光反射强的位置，要在墙壁上铺一层芦苇帘子等防止反射阳光

花盆之间要保持距离

不要直接放在水泥地面上，要放在人造草坪或者架子上

休眠法（干法）

叶子发黄枯萎，叶片少于 10 片的植株要从 6 月中旬开始有意识地断水，让土壤干燥，叶片全部枯萎，只剩球根后放在户外通风良好、淋不到雨的背阴处。使用底部浇水花盆时土壤不易干燥，要去掉盛水盘。

休眠法是符合普通仙客来自然习性的方法，因此使用这种方法让植株度夏时，球根腐烂的现象较少，即这是一种安全的度夏方法。不过，这样度夏的植株开花期比使用非休眠法度夏的植株晚一个月左右。

如果球根上生出新芽

将植株放在能淋到雨水或温度较高的地方，可能会让休眠中的球根生出新芽。如果出现以上情况，可以在 8 月

下旬开始换盆、浇水，按照非休眠植株的方式栽培。

难以使用非休眠法度夏的植株，叶子发黄，数量减少到 10 片以下。

休眠植株也有可能在地上部分枯萎 1 个月之后长出新芽。

无法度夏的植株

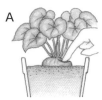
A

用手按压球根，如果发现球根变软，那么该植株的球根很可能已经腐烂。

B

球根部分发霉，部分腐烂的植株。该植株患有灰霉病、软腐病等。

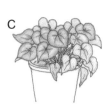
C

植株上只有部分叶子逐渐枯萎。该植株患有萎缩病等。

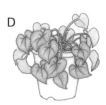
D

土壤湿润，叶子依然是绿色的，却开始枯萎的植株。该植株的根部已经腐烂。

本月的主要工作

基本 非休眠植株摘枯叶

基本 病虫害防治

基本 基础工作

挑战 针对中级、高级园艺爱好者的工作

7月的普通仙客来

梅雨季节过后气温上升，普通仙客来将迎来最难度过的时期。

非休眠植株的叶子变黄减少，生长也渐渐停止。

休眠植株在断水后大约一个月，土壤完全干燥，叶子全部枯萎。

主要工作

基本 **非休眠植株摘枯叶**

为非休眠植株摘枯叶，休眠植株不需摘

摘掉非休眠植株上的枯叶。休眠植株，如果强行摘枯叶会伤到球根，所以要留下枯叶。

基本 **病虫害防治**（参考第 85 页）

注意萎缩病、蓟马和夜蛾

为预防非休眠植株患萎缩病，要防止湿度过大，并且将苯菌灵的水溶液洒在土壤表面。

夜蛾可以在一夜之间吃掉新芽，所以同样要注意。另外如果花盆摆放过于密集会导致通风变差，闷蒸可能会引起灰霉病，所以要加大花盆的间隔来预防。

进入夏季，叶子变少的非休眠植株（上图），以及有意停止浇水，让叶子枯萎的休眠植株（左图）。

因湿度过大患上萎缩病的植株。一部分叶子变黄，叶柄从根部开始枯萎。恶化到这种状态后很难恢复，所以需要扔掉。

本月的管理要点

- ❄ 放在没有直射阳光和雨水，凉爽的背阴处
- 💧 非休眠植株：约每周浇一次水
  休眠植株：不需要浇水
- ▦ 非休眠植株：每两周施一次稀释过的液体肥料
  休眠植株：不需要施肥

管理要点

😊 非休眠植株

❄ **放置地点：没有直射阳光和雨水，凉爽的背阴处**

白天气温超过 30℃ 后，如果花盆接受阳光直射则土壤温度会上升，导致烂根，所以要避免阳光直射。另外，要选择淋不到雨的明亮屋檐下或房屋的北侧等通风良好的凉爽背阴处。

特别是连续出现热带夜（夜间最低气温超过 25℃）的时期，植株将变得虚弱，所以黄昏时要在花盆周围洒水，尽量为植株降温。

💧 **浇水：约每周浇一次水**

底部浇水花盆 浇水到盛水盘深度的 2/3。如果一周后盛水盘中依然有水，则要更换水。

普通花盆 等到土壤表面干燥后，在上午天气凉爽时浇水，浇到水从花盆底部流出为止。

▦ **施肥：每两周施一次稀释过的液体肥料**

底部浇水花盆 6 月底之后，要用浓度更低的液体肥料（按规定倍率的 2 倍稀释），两周施一次肥，倒在盛水盘中。

普通花盆 6 月底之后，要用浓度更低的液体肥料（按规定倍率的 2 倍稀释），两周施一次肥，权当浇水。

😴 休眠植株

❄ **放置地点：接触不到雨水和其他水分的背阴处**

放在户外通风良好、不会淋到雨的明亮背阴处。要注意与其他植物保持距离，避免在为其他植物浇水时让普通仙客来接触到水分。

💧 **浇水：不需要**

▦ **施肥：不需要**

1月
2月
3月
4月
5月
6月
7月
8月
9月
10月
11月
12月

49

基本 非休眠植株摘花头、枯叶

基本 换盆

基本 病虫害防治

基本 基础工作

挑战 针对中级、高级园艺爱好者的工作

---

8 月的普通仙客来

进入盛夏季节，非休眠植株不再长出新叶，几乎不再生长。中旬过后，叶柄根部开始出现带新花蕾的花芽，偶尔也会有花蕾变大开花的植株。夏季叶子掉光的非休眠植株，如果球根坚硬，此时也能看到新芽。

用手指按压休眠植株的球根，如果触感坚硬，植株就能健康度夏。中旬以后，有些植株的球根表面可以看到新芽。

即将换盆前，摘掉枯叶的休眠植株（右图）和非休眠植株（下图）。

主要工作

基本 非休眠植株摘花头、枯叶

为非休眠植株摘枯叶

非休眠植株可能会开花。如果保留花头，植株会衰弱，所以要尽早摘掉。

非休眠植株上变黄枯萎的叶子要仔细地摘掉。休眠植株的枯叶可以在完全变成茶色，彻底干燥后摘掉。

基本 换盆（参考第 54~57 页）

换上大一圈的花盆

8 月下旬到 9 月中旬（夜间最高气温降到 25℃以下后）是换盆的最佳时期。

基本 病虫害防治（参考第 85 页）

注意夜间活动的夜蛾

发现夜蛾后要立刻捕杀。另外，高温时期浇水过多会引发萎缩病，所以要注意避免非休眠植株的环境湿度过高，可在土壤表面喷洒苯菌灵的水溶液来预防。

摘掉非休眠植株变黄枯萎的叶子。

本月的管理要点

❄ 放在没有直射阳光和雨水，凉爽的背阴处

💧 非休眠植株：约每周浇一次水
  休眠植株：不需要浇水

🎲 非休眠植株：每两周施一次稀释过的液体肥料
  休眠植株：不需要施肥

1月

2月

3月

4月

5月

6月

7月

8月

9月

10月

11月

12月

管理要点

😊 非休眠植株

❄ 放置地点：**没有直射阳光和雨水，凉爽的背阴处**

参考 7 月的情况（参考第 49 页）。

继续在没有直射阳光和雨水，通风良好的凉爽户外栽培。

通风不好会导致植株闷热，好不容易过夏天的植株会枯萎，所以要尽量拉开花盆间的距离，或将花盆放在架子上等位置。

在阳台上栽培时，可以参考第 46 页，并注意避免空调外机吹出的热风吹到植株。

长出新花蕾的非休眠植株。

💧 浇水：**约每周浇一次水**

（底部浇水花盆）参考 7 月的情况。土壤过于干燥时，花盆底部伸出的无纺布会因为干燥而难以吸收水分。遇到这种情况时，需要从土壤上方浇足水，并将流入盛水盘中的水换成新水（参考第 64 页）。相反，如果经过一周后盛水盘中依然有水，要倒掉陈水换上新水。

（普通花盆）等到土壤表面干燥后，在上午天气凉爽时浇水，浇到水从花盆底部流出为止。

🎲 施肥：**每两周施一次稀释过的液体肥料**

参考 7 月的情况。（底部浇水花盆）和（普通花盆）一样，当发现土壤并不干燥，叶子却出现枯萎现象时，说明根部已经受伤，此时不能施肥。

🌙 休眠植株

❄ 放置地点：**接触不到雨水和其他水分的背阴处**

参考 7 月的情况（参考第 49 页）。

这段时期要格外注意不能让植株淋到雨水或者接触其他水分，否则会导致好不容易进入休眠状态的球根腐烂。

💧 浇水：**不需要**

🎲 施肥：**不需要**

51

9月

基本 换盆

基本 病虫害防治

基本 基础工作

挑战 针对中级、高级园艺爱好者的工作

9月的普通仙客来

早晚的气温开始下降，普通仙客来迎来了生长旺盛的时期。度夏的非休眠植株在叶柄根部（芽点）不断发出新芽，叶子开始展开，也能看到小小的花蕾。

与非休眠植株相比，度夏的休眠植株开始生长的时间较晚，不过也开始长出新芽。

非休眠植株和休眠植株在9月中旬前都要换成较大的花盆，之后采用与度夏植株同样的方式管理。

换盆后大约1个月，中间出现花芽的非休眠植株（上图）和叶子展开的休眠植株（下图）。

主要工作

基本 **换盆**（参考第54~57页）

在9月中旬前进行

在迎来生长旺盛期的9月中旬之前，非休眠植株和休眠植株都要换盆。

去年冬天购买的植株和在那之前购买的植株都已经跨年了，花盆底部的土壤开始结块，透气性和排水性变差。非休眠植株在炎热的夏天可能出现过轻微烂根现象，如果不处理，新根难以长出，叶子和花朵的数量也会减少。

换盆太迟会导致植株扎根不好，叶子和花朵都会减少，所以不要错过换盆时期。

基本 **病虫害防治**（参考第85页）

喷洒苯菌灵等药剂

换盆后，要预防由于根部受伤等原因引起的萎缩病，将苯菌灵溶解在水中喷洒在土壤表面。

高湿度容易引发灰霉病，所以要将甲基硫菌灵药剂溶解在水里，喷洒在植株中心进行预防。

本月的管理要点

❄ 放在通风好、明亮、凉爽的背阴处
➡ 之后要放在淋不到雨的向阳处

💧 换盆后，等土壤表面干燥后浇水

🎲 换盆后 2~3 周不需要施肥

1月

2月

3月

4月

5月

6月

7月

8月

9月

10月

11月

12月

管理要点

换盆后的管理

❄ **放置地点：放在通风好、明亮、凉爽的背阴处 ➡ 淋不到雨，日照充足的地方**

刚刚换盆后，如果植株接触直射阳光会引起叶烧现象，所以，换盆后一周植株要放在户外通风良好、明亮、凉爽的背阴处。之后转移到淋不到雨的向阳处。秋日阴雨连绵的天气容易引发灰霉病等，要格外注意。

💧 **浇水：换盆时和土壤干燥后浇足水**

换盆时要浇足水。为了促进植株扎根，下一次浇水要等到土壤表面干燥后进行。之后在每次土壤表面干燥后就在土壤上方浇足量水，并注意不要洒到叶子和球根上。

🎲 **施肥：换盆后暂时不需要施肥**

换盆后 2~3 周内不施肥。换盆后，普通仙客来不会立刻长出新芽和新叶，而是先在土壤中长出新根。如果在这段时期施肥会促进新芽和新叶的生长，反而会让根部的生长势头变弱。

等到叶子渐渐展开，花蕾开始变大后，要注意不能断肥。每周施一次钾元素含量多的液体肥料（按规定倍率稀释），要选在上午施肥，兼浇水。

专栏

什么是 F1 仙客来?

市面上有很多普通仙客来没有明确的品种名，而是用"F1 仙客来"代替品种名，它指的是用不同系统或品种杂交得到的"F1 种子（第 1 代杂交种）"培育的仙客来。

F1 仙客来通常很强健，生长良好。

不仅是仙客来，很多花卉和蔬菜都有 F1 品种。F1 品种，即使取其种子进行培育，也不能得到与亲代形、性相同的后代。

选择花盆的方法

　　新买的成品植株一般是种在底部浇水花盆中的，不过，因为之后使用普通花盆更适合培育，所以推荐换成塑料或素陶材质的普通花盆。

　　花盆的尺寸要比之前大一圈（直径大 3cm 左右），深度以 20~25cm 为佳，更深的花盆底部容易积水，要避免使用。

底部浇水花盆（右）和塑料、素陶材质的普通花盆。

专栏

要选择多大的花盆

　　度过一个夏天的植株已经适应了栽培环境，之后再度夏会相对简单，容易长成大株。经过 3 年后，如果不想更换为更大的花盆，可以选择使用休眠法让植株度夏，在换盆时清理旧土，更换为同样大小的花盆。相同尺寸的花盆可以使用 3 年左右。

土壤调配

　　如果继续使用旧土壤，植株的根部容易生病，所以请参考下面的调配范例，用排水性和透气性好的干净土壤重新种植。使用赤玉土时，要选择小粒或细粒的，这样植株更容易扎根，应避免使用大粒土。

> 调配范例 A：赤玉土（小粒）6 成，腐叶土 4 成
> 调配范例 B：赤玉土（小粒）3 成，日向土（细粒）或者浮岩（小粒）3 成，腐叶土 4 成
> ※花盆底部出现轻微烂根现象的植株适合使用透气性、排水性好的调配范例B的土壤。

基肥

　　在土壤中混入磷元素含量多的颗粒状缓效性复混肥料，能够促进根部生长。施肥量以草花等规定用量的 2/3 为基准。

在土壤中混入磷元素含量多的颗粒状缓效性复混肥料作为基肥。照片中的土壤使用了调配范例 A。

基本 度夏植株的状态

😊 非休眠植株

◎ 健康植株

> 叶色很好，叶子超过10片。

球根坚硬，叶子根部（芽点）有长出新叶和花蕾的迹象。

○ 较为健康的植株

> 叶柄有徒长迹象，但是有新芽长出。

球根坚硬，只要叶子根部（芽点）有长出新叶和花蕾的迹象，植株换盆后就能恢复健康。虽然有叶子，但是一部分发黄，叶柄腐烂的植株可能患有萎缩病，换盆后或许也无法恢复。

△ 没有叶子的植株

> 没有叶子，土壤潮湿。

如果球根变软，芽点变黑，就算换盆植株也很难恢复。如果球根坚硬，芽点没有死去，则换盆后植株能够恢复。

😴 休眠植株

从 6 月中旬开始有意识地控制水分，让叶子枯萎的休眠植株只要球根坚硬，就会从 8 月下旬开始长新芽。

◎ 坚硬的球根

球根坚硬，表面能看到新芽。换盆后茎叶开始生长。

✕ 枯萎的球根

✕ 柔软的球根

如果球根枯萎，或者用手指按压时触感柔软，那么很遗憾，这样的植株就算换盆也无法恢复，因此需要扔掉。

修整植株

换盆3~5日前，按规定倍率稀释钾元素含量多的液体肥料，增加植株的生命力。摘掉枯叶，如果有花蕾或花朵，要为了植株今后的生长需将其从根部摘掉。

铺盆底石

盆底铺碎石或泡沫塑料块等，有利于排水。选择深度在20~25cm的花盆，如果花盆较深，则要使用更多的石头。

装入土壤

装土，到花盆深度的1/3左右。

转移植株

不要破坏根球，将植株轻轻地从花盆中拔起，转移到新盆中。

填入土壤

在植株与花盆的空隙间填入土壤，不要埋住球根，浅植，根球要露出1cm左右的高度。土量的标准为比花盆边缘低1~2cm。

浇足水

浇水，在明亮背阴处放1周左右，让植株适应新花盆。

摘掉枯叶

摘掉全部枯叶，并确定球根是坚硬的。如果球根变软，则植株不可能恢复，要扔掉。

从花盆中拔起

连带根球将休眠植株拔出。

揉掉土壤

揉掉全部旧土。注意不要拉扯根部并伤到球根。

修剪根部

用锋利的剪刀剪掉约 2/3 的老根，放置半日让切口干燥。

装入土壤，放好球根

在花盆底部铺小石子，装入花盆深度 1/2 左右的土壤，散开球根下方的根须，放在花盆中央。

浅植，浇足水

土量的标准为比花盆边缘低 1~2cm，浅植，球根上半部分露出土壤表面。整理好土壤表面后浇足量水，注意不要让水淋到球根。

10 月

基本 基础工作

挑战 针对中级、高级园艺爱好者的工作

10 月的普通仙客来

10 月，夜间气温低于 20℃，昼夜温差明显，是普通仙客来生长的最佳时期。换盆后的植株不断长出新叶，花蕾也长了很多。在夜间气温降到 10℃以下前，可以终日在户外栽培。

在部分地区，店里已经摆出了开花早的植株。如果购买开花早的成品植株，请参考 12 月的成品植株管理（参考第 63 页）。

☀ 主要工作

基本 **病虫害防治**（参考第 85 页）

注意预防灰霉病

夜间温度低、湿度高的话，容易引起灰霉病。傍晚不要浇水，植株要放在通风好的地方，将甲基硫菌灵药剂溶解在水里，洒在植株中心进行预防。

挑战 **整理叶片**

使叶片外伸，让球根晒到阳光

为了让球根上的芽点晒到太阳，需要整理叶片，让叶子向外侧伸展。这样可以促进新叶和花蕾的生长，增加花朵和叶片的数量。夏季整理叶片容易伤到叶片，花朵也会变形，所以要在生长旺盛的这个时期整理叶片。

叶子增多的非休眠植株（上图）和休眠植株（右图）。

本月的管理要点

❄ 日照充足、淋不到雨水的地方

◤ 土壤表面干燥后要浇足水

▦ 每两个月施一次放置型肥料,每周施一次液体肥料

挑战 整理叶片

适宜时期: 9月下旬至10月中旬, 3—4月

将植株中心的叶子放在下侧叶子(外侧老叶)的下面,露出植株的中间部位。

叶片整理结束

中间部位能充分晒到阳光,通风也会变好。整理好叶片后要避免阳光直射,将植株在明亮背阴处放2~3天,然后放回日照充足的地方。

管理要点

😊 度夏植株(普通花盆)

❄ **放置地点:日照充足、淋不到雨水的地方**

要放在户外日照充足,淋不到雨水的地方。如果日照不足会导致花蕾无法充分发育,花数大幅减少。另外,花盆摆放过密是日照不足的原因之一,会导致叶柄伸长,植株虚弱。在霜降前都没有必要将植株收回室内。

◤ **浇水:土壤表面干燥后要浇足水**

避免土壤干燥。土壤表面干燥后浇足水,注意避免淋到球根和叶子。

▦ **施肥:放置型肥料和液体肥料并用**

换盆1个月后,每两个月施一次三要素含量相同的片剂型缓效性复混肥料。如果混入土壤,肥料会迅速分解,所以必须放在土壤表面(参考第37页)。

使用液体肥料追肥同样必不可少。每周在根部施一次钾元素含量多的液体肥料(按规定倍率稀释)。

59

基本 基础工作

挑战 针对中级、高级园艺爱好者的工作

11月的普通仙客来

一般情况下,从本月中旬开始,园艺店中就会摆出很多开花植株。如果购买开花早的成品植株,请参考12月的成品植株管理(参考第63页)。

度夏并换盆后的植株会继续生长,不过随着气温下降,生长速度会稍稍变慢。

非休眠植株的叶子数量开始增加,植株变大,花蕾增多,花梗长到2~4cm左右。其中也会出现开出1、2朵花的植株。

休眠植株尚处于植株较小的阶段,但叶子下方已有花蕾生长、变大。

☀ 主要工作

基本 摘花头、枯叶(参考第62页)

尽快摘掉枯萎的花叶

开败后的花朵和枯叶要从根部仔细地摘下。

基本 病虫害防治(参考第85页)

喷洒杀菌剂预防

这段时期容易发生灰霉病,所以要将甲基硫菌灵药剂溶解在水里,洒在植株中心进行预防。

叶柄生灰霉病的植株(左图)和花瓣生灰霉病的植株(右图)。植株在湿度较高,温度较低时容易患病。如果患病,要立刻摘掉病变部位,并与其他植株隔离。预防很重要。

植株长大的非休眠植株(上图)和休眠植株(右图)。叶子下方有花蕾伸出。

本月的管理要点

❄ 日照充足、淋不到雨水的地方

💧 土壤表面干燥后要浇足水

🎲 每周施一次液体肥料，每两个月施一次放置型肥料

专栏

管理要点

☀ 度夏植株（普通花盆）

❄ **放置地点：日照充足、淋不到雨水的地方**

继续生长的非休眠植株、休眠植株都不能缺少阳光，所以要将植株放在日照充足的屋檐下等户外地点栽培。

夜间最低气温降到10℃以下后，要在傍晚将植株搬到没有供暖的玄关等地。不过若终日在室内栽培，日照不足会导致花蕾生长缓慢，叶柄徒长，所以白天要将植株放在户外。

💧 **浇水：土壤表面干燥后要浇足水**

土壤表面干燥后，在上午于植株基部浇足水，浇到水从花盆底部流出为止，并避免淋到球根和叶子。

🎲 **施肥：放置型肥料和液体肥料并用**

这段时期，叶子和花蕾生长迅速，如果肥料不足，不仅叶子数量会变少，花蕾的梗也会变细，花朵变小。要继续每周施一次钾元素含量多的液体肥料（按规定倍率稀释），放置型肥料每两个月施一次（参考第36、37页）。如果10月没有施放置型肥料，则本月需要施；如果10月已经施过放置型肥料，则本月不需要再施。

普通仙客来每片叶子根部会长一个花蕾

换盆后的植株，1个月后球根上方的芽点会长出新叶和花蕾。从10月到11月，叶子数量会迅速增加。

普通仙客来每片叶子根部都会长出一个花蕾。叶子数量越多，花越多。所以，重要的是施足量肥料，让叶子数量增加。注意不要因为还没有开花就松懈下来，不可断肥。

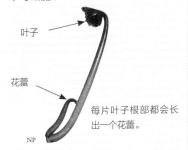

叶子

花蕾

每片叶子根部都会长出一个花蕾。

NP

生长顺利，在1.5~2个月之后迎来开花期的度夏植株。

NP

12月的普通仙客来

迎来了真正的花季，园艺店会摆出颜色各异的普通仙客来。在开花植物较少的冬季看到盛开的普通仙客来，会令人心情愉悦。为了能长时间欣赏美丽的花朵，购买后1个月内的管理非常重要。

已经度过一个夏天的非休眠植株也开始陆续开花。休眠植株开花时间稍晚，不过已经能看到3~4cm长的花蕾，马上就会开花了。

冬日的一抹色彩，普通仙客来。

主要工作

基本 摘花头、枯叶

仔细摘掉枯萎的花叶

开败后的花朵和枯叶要从根部仔细地摘下。从中间断掉的部分也要摘干净。如果放着不管，植株容易患上灰霉病。如果摘掉花头和枯叶后直接浇水，有可能造成植株腐烂，所以要避免。

基本 摘花头

用食指和拇指在近球根处捏住花梗，用另一只手轻压，然后拧转着摘掉花头。

基本 摘枯叶

从与球根相接处摘下枯叶，不要留下叶柄。

本月的管理要点

❄ 放在日照充足的窗边，适当接受日光浴

💧 底部浇水花盆的盛水盘中水量减少，普通花盆中的土壤表面干燥后要浇足水

🧪 每周施一次液体肥料，并为度夏植株每两个月施一次放置型肥料

1月

2月

3月

4月

5月

6月

7月

8月

9月

10月

11月

12月

管理要点

🛒 成品植株

❄ **放置地点：放在日照充足的窗边，温暖的日子里要放到户外**

由于成品植株上架前都是花商在温室中培育的，温室中最低温度超过15℃，所以，在家栽培时必须先让它们适应家里的环境。

要将植株放在日照充足的窗边等位置，温暖的白天（气温超过10℃）要放到户外，充分接受阳光的照射。日照不足时叶柄会徒长，花色、叶色变差，花蕾也会枯萎。

另外，如果每天都在同一个地方接受同样方向的阳光，植株的形态会不美

长期接受同一方向阳光照射，植株姿态不美观。

观，所以要经常改变花盆的方向。

仙客来比较耐寒，相反不喜欢高温（超过25℃）。植株在太热的房中会变得虚弱，每朵花的寿命会缩短。所以理想环境温度是凌晨温度在5℃以下，白天温度不超过20℃，一天的温差在15℃之内。

💧 **浇水：土壤表面干燥后在上午浇水**

市面上销售的普通仙客来花盆分为 底部浇水花盆 和 普通花盆 两种（参考第10、11页）。使用两种花盆都要避免在气温较低的傍晚和夜间浇水，而要选择在上午浇水。

底部浇水花盆 盛水盘中的水量减少后，浇水至水位到达盛水盘深度的2/3处。

如果忘记浇水导致叶片枯萎、土壤干透时，水分很难从盛水盘进入花盆中。遇到这种情况时要从土壤表面充分浇水，植株1~2天后会恢复（参考第64页）。

普通花盆 土壤表面干燥后，从表面浇水，直到水从盆底流出为止，注意不要浇到花朵、叶子和球根上。倒掉流入盛水盘中的水，避免积水。

✦ 施肥：每周施一次液体肥料

施肥方法参考第 36、37 页。

底部浇水花盆 每周施一次钾元素含量多的液体肥料（按规定倍率稀释）。

普通花盆 买入后先让植株适应家中的环境，7~10 天后，在温暖的上午施一次钾元素含量多的液体肥料（按规定倍率稀释），并每两个月在土表面施一次三要素等量的片剂型缓效性复混肥料。肥料被埋在土壤中会迅速分解，导致根部受伤，所以为了不直接接触球根，还要放在土壤边缘。

☀ 度夏植株（普通花盆）

❄ 放置地点：放在温差小的地方管理

非休眠植株、休眠植株都以成品植株为基准（参考第 63 页）。

度夏植株一般叶子数量较少，因此在温度过高的房间（超过 25℃）中，叶子会变大，叶柄会迅速生长，导致植株虚弱。要参考第 37 页的放置地点，尽可能避开高温，放在温差小的地方。

💧 浇水：干燥后充分浇水

注意土壤的干燥程度，等表面干燥后浇水，直到水从盆底流出为止，注意不要浇到球根和叶子上。倒掉流入盛水盘中的水，避免积水。

✦ 施肥：每两个月施一次放置型肥料，每周施一次液体肥料

为了让花朵不断开放，要注意不能断肥。11 月若没有施片剂型缓效性复混肥料，需要在本月施。另外，为了让叶子和花朵的颜色更鲜艳，需要每周在植株基部施一次钾元素含量多的液体肥料（按规定倍率稀释）。

基本 底部浇水花盆
枯萎植株的恢复

使用 底部浇水花盆 时，如果土壤干透，叶子枯萎，植株将很难从盛水盘中吸水。在这种情况下，可以从土壤表面浇足水。如果植株尚未枯萎，1~2 天后就能够恢复。

从土壤表面浇足水，将流到盛水盘中的水全部倒掉。然后立刻在盛水盘中加入新水，之后就可以从底部浇水了。

园艺仙客来
12 月栽培笔记

总结每个月的主要工作和管理要点，简单易懂。
尽情欣赏种在庭院中或与其他植物混栽的
可爱园艺仙客来吧。

Garden
Cyclamen

NP-M.Tanaka

园艺仙客来栽培的主要工作和管理要点月历（非休眠植株）

	1月	2月	3月	4月	5月

生长状态

成品植株开花

度夏植株开花

主要工作

采集种子 → p70

播种 → p88

p75 、 p76 ← 换盆（回盆）

p42 ← 苯菌灵（萎缩病）

管理要点

放置地点 ☼

光照良好，没有霜的屋檐下等地
（如果晚上气温持续在 0℃ 以下，需将植株放在室内）

浇水 💧

土壤表面干燥后，在植株基部浇足量水（普通花盆）

施肥 🔆

每周施一次液体肥料（按照规定倍率稀释）

以日本关东以西为准（气候类似我国长江流域）

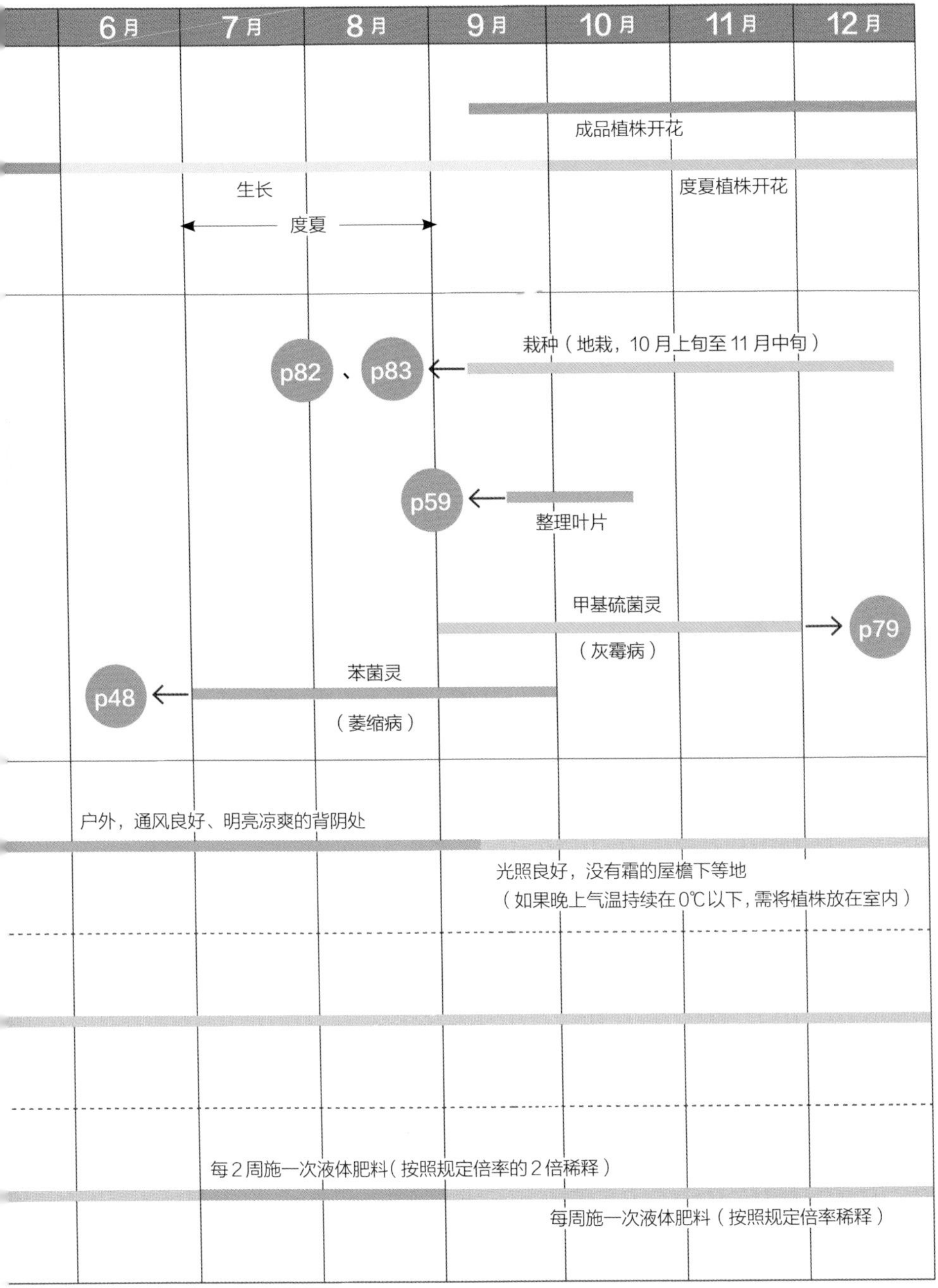
6月
7月
8月
9月
10月
11月
12月
成品植株开花
生长
度夏植株开花
度夏
栽种（地栽，10月上旬至11月中旬）
p82
、
p83
p59
整理叶片
甲基硫菌灵
（灰霉病）
p79
苯菌灵
（萎缩病）
p48
户外，通风良好、明亮凉爽的背阴处
光照良好，没有霜的屋檐下等地
（如果晚上气温持续在0℃以下，需将植株放在室内）
每2周施一次液体肥料（按照规定倍率的2倍稀释）
每周施一次液体肥料（按照规定倍率稀释）

基本 摘花头

基本 基础工作

挑战 针对中级、高级园艺爱好者的工作

1 月的园艺仙客来

去年秋天到冬天购买，种在花坛或花盆中的成品植株已经逐渐开花。

度夏植株也比去年大了一圈，开花较成品植株稍晚。

不断开花的度夏园艺仙客来，比去年大了一圈。

主要工作

基本 摘花头

为了让花朵渐次开放，要仔细摘掉花头

花朵凋谢后，如果放着不管就会结种，导致植株虚弱。为了能更长时间地欣赏花朵，要从球根处细心地连同花梗一起摘掉花头。

从球根处细心摘掉凋谢的花头。

本月的管理要点

❄ 放在日照良好的地方，夜间放在屋檐下等地

🌙 土壤表面干燥后在上午浇足水

▦ 每周施一次液体肥料

管理要点

❄ **放置地点：白天放在户外向阳处，夜间放在屋檐下等不会被霜打到的地方**

全天放在户外阳光充足，不会被霜打到的地方栽培。去年 11 月中旬前种下的植株根部已经扎稳，所以就算最低气温降到 0℃，晚上也可以放在屋檐下。

在户外栽培的植株很少会出现叶柄徒长的现象，花朵会逐渐开放，花的寿命也比在室内栽培植株的更长。

如果想在室内栽培，要尽可能将植株放在温差较小（5~15℃）、日照良好的窗边，并且尽量多搬到户外晒太阳。如果在供暖太好或者太阳照不到的房间里栽培，不仅花朵数量会变少，叶柄也会徒长，因此要避免。

🌙 **浇水：土壤表面干燥后在上午浇足水**

土壤表面干燥后，在上午于植株基部浇足水。叶子、花朵和球根接触到少量水没有关系，不过要在温度下降的傍晚前擦干叶子上的水。

种在花坛中的植株也要在土壤表面干燥后，在温暖的上午浇水，土壤没有干燥时要控制浇水的量。

▦ **施肥：每周施一次液体肥料**

因为花朵接连开放，所以要避免断肥。每周施一次钾元素含量多的液体肥料（按规定倍率稀释）能提高植株的耐寒性，注意肥料不要接触花朵和叶子，要选择在上午将肥料施在植株基部。

裙子形状的园艺仙客来"衬裙"的混栽。

本月的主要工作

基本 采种

基本 基础工作

挑战 针对中级、高级园艺爱好者的工作

2月的园艺仙客来

园艺仙客来不惧寒冷，在玄关、阳台、花坛中能够次第开花。在比较温暖的日本关东地区以西，虽然下霜的早晨叶子会结冰，不过温度上升后就会恢复原状。

度夏的园艺仙客来球根变大，根部也充分伸展，因此抗寒能力更强，花朵数量也会变多。

户外明亮处的气温低于0℃时，要用无纺布盖住植株，防止花瓣受伤。

花瓣带"刷毛目"式纹路的人气品种组成的混栽。

主要工作

基本 采种

不摘掉花朵，等外皮干燥后采种

花朵凋谢后，如果放置不管就会结种。如果需要采种，可以等到果实的外皮干燥后，在外皮自然裂开，能看到中间的种子时采集（以4月末采集完毕为基准）。

取出的种子放在通风良好的地方干燥。充分干燥后放入信封等纸袋，然后套一层塑料袋或者带拉链的袋子，放在冰箱的冷藏室中保存。从种子开始培育的方法请参考第88页。

结种的植株。

本月的管理要点

✳ 放在日照良好的地方，夜间放在屋檐下等地

◗ 土壤表面干燥后在上午浇足水

▦ 每周施一次液体肥料

管理要点

✳ **放置地点：** **放在日照良好的屋檐下等地**

尽管现在是一年中最寒冷的时期，不过依然要放在户外日照良好的地方栽培。最理想的地点是没有北风，日照良好的屋檐下。不过种在花盆中时，如果夜间最低气温下降到0℃以下，要在夜里将花盆搬到供暖不太热的玄关等地，或者在夜间用无纺布盖住整个植株。

在室内栽培的情况下，可以放在日照良好的窗边等地管理，避免放在供暖太足的房间。

◗ **浇水：** **土壤表面干燥后在上午浇足水**

土壤表面干燥后，在上午于植株基部浇足水。如果在土壤表面干燥前浇水，晚上土壤温度会下降，导致烂根，因此要避免。

种在花坛中的植株也要在土壤表面干燥后，在温暖的上午浇水。

▦ **施肥：** **每周施一次液体肥料**

尽管低温时开花的速度会稍稍变慢，不过花蕾还在缓慢生长，所以每周要在植株基部施一次钾元素含量多的液体肥料（按规定倍率稀释）。注意在土壤表面不易干燥时，控制施肥量。

专栏

观赏鲜切花

在欧洲，也会将仙客来做成鲜切花观赏。仙客来能够充分吸收水分，花朵能保持7~10天。一般会使用大花的普通仙客来，不过也可以观赏园艺仙客来。

在家里用盛开的花朵制作鲜切花时，要选择开花不久的花朵，并从花梗根部摘下，然后用锋利的剪刀或者裁纸刀裁下1~2cm长的花梗，且注意为花补水。如果房间里供暖太足，则花朵无法保持太久，所以要尽可能地放在不太热的地方观赏。

NP·M.Tsutsui

71

3、4月

本月的主要工作

> **基本** 摘花头、枯叶
>
> **基本** 换盆（回盆）

基本 基础工作

挑战 针对中级、高级园艺爱好者的工作

3月、4月的园艺仙客来

随着寒意渐退，白天的气温一天天升高，去年秋天购买后栽种的植株及度夏植株的花朵数量都在增加，迎来鲜花盛开的季节。新叶也开始增多。稍微整理一下叶片（参考第59页），花朵更容易开放。

进入4月中旬后，花季即将结束。

花坛中竞相开放的园艺仙客来。

主要工作

基本 摘花头、枯叶

从根部仔细摘掉

凋谢后的花和变黄的叶子要从与球根相接处仔细摘下。如果放置不管，植株会衰弱，引起病虫害，因此要仔细摘除。

基本 换盆（回盆）（参考第75、76页）

4月，花朵即将凋谢。种在花坛中和混栽的植株花凋谢后，要在4月中旬以后开始换盆（也叫"回盆"），即种到花盆中，为度夏做准备。

管理要点

☀ 放置地点：日照良好，淋不到雨的屋檐下等地

白天气温高于10℃后，花朵渐次开放，生长旺盛，植株全天都要放在户外阳光充足的地方栽培。最理想的位置是日照良好，淋不到雨的屋檐下等地。不过，植株稍微淋到些雨也没关系。

本月的管理要点

❄ 日照良好，淋不到雨的屋檐下等地

🌙 土壤表面干燥后在上午浇足水

🎲 每周施一次液体肥料

冬天放在室内观赏的植株，从3月中旬开始放在户外管理。不过环境急剧变化会导致植株停止生长，所以移到户外的最初7~10天里，要在夜间搬回室内，让植株逐渐适应环境。

🌙 **浇水：土壤表面干燥后在上午浇足水，避免在傍晚浇水**

植株生长旺盛，所以要避免断水。土壤表面干燥后在植株基部浇足水分。如果在上午浇水，叶子沾上一些水也没关系。

因为晚上天气依然寒冷，所以要避免在傍晚浇水。

种在花坛中的植株也要等到土壤表面干燥后，选择温暖的上午浇水，同样要避免在傍晚浇水。

🎲 **施肥：每周施一次液体肥料**

花朵开始渐次开放，所以严禁断肥。肥料不足会导致花朵数量减少，花色、叶色变淡，新叶不再生长，植株的生长状况变差。每周一定要在植株基部施一次钾元素含量多的液体肥料（按规定倍率稀释）。

专栏

仙客来的香味

经常有人会问仙客来有没有香味，在园艺仙客来，特别是大花仙客来中，几乎没有带香味的品种。不过原种仙客来（参考第14、15页）的香味与铃兰相似。原种仙客来中有很多带香味的品种，也有和三色堇香味类似的品种。

1975年，布施明（日本歌手）的歌曲《仙客来的芬芳》在日本大火，当时日本育种的芳香仙客来"甜心（Sweetheart）"正好上市。近年来，仙客来的品种不断改良，店里出现了各种"芳香仙客来"，园艺仙客来中也出现了带香味的品种。

芳香品种，散发红酒香。

本月的主要工作

基本 换盆（回盆）

基本 摘花头、枯叶

基本 基础工作

挑战 针对中级、高级园艺爱好者的工作

5月的园艺仙客来

种在花坛中和混栽的植株花朵都渐渐凋谢，不过植株依然在生长。

为了度夏，要在本月中旬之前为每一株植株换盆。

虽然花朵减少，不过换盆后依然在持续开放。

主要工作

基本 换盆（回盆）（参考第75、76页）

在梅雨季节前为每一株植株"换盆"

将植株与其他植物混栽或种在花坛等狭窄的地方时，叶子会相互重叠，闷热会导致生长不良，所以在梅雨季节前要为每一株植株换盆，也叫"回盆"。每个花盆中种一株植株的盆栽不需要进行这个步骤。

基本 摘花头、枯叶

仔细摘掉花头、枯叶

凋谢后的花和枯萎的叶子要从与球根相接处仔细摘下。如果不摘，会导致植株不透气而生病，因此要仔细摘除。

在直射阳光下发生叶烧现象的植株。放置时要避免直射阳光。

本月的管理要点

❄ 放在淋不到雨的明亮背阴处，比如屋檐下

💧 土壤表面干燥后要浇足水

🎲 每周施一次液体肥料

2月

3月

4月

5月

6月

7月

8月

9月

10月

11月

12月

管理要点

❄ **放置地点：避开直射阳光的明亮地点**

直射阳光会灼伤叶片，所以要放在避开直射阳光，淋不到雨的明亮屋檐下等地方管理。

💧 **浇水：土壤表面干燥后要浇足水**

在土壤表面干燥后，要在植株基部浇足水。

🎲 **施肥：每周施一次液体肥料**

换盆前，每周在植株基部施一次钾元素含量多的液体肥料（按规定倍率稀释）。

换盆后，因为用了加入基肥的土壤，所以 2~3 周之内不需要额外施肥。之后和换盆前一样，每周在植株基部施一次液体肥料。

基本 混栽和种在花坛中的园艺仙客来
换盆（回盆）准备

适宜时期：4月中旬至5月中旬

换盆用的花盆

使用 4 号盆（直径为 12cm），每个花盆中种一株植株。

调配土壤

请参考以下调配范例，准备透气性、排水性好，新鲜干净的土壤。使用过的土壤和加入未熟堆肥的土壤会损伤植株根部，导致萎缩病，所以要避免使用。

> 调配范例A：赤玉土（小粒）6成，腐叶土4成
>
> 调配范例B：赤玉土（小粒）3成，日向土（细粒）3成，腐叶土4成

基肥

将能够促进根部生长的，磷元素含量高的颗粒状缓效性复混肥料（使用量约为草花等规定用量的1/2）混入土壤中。

盆底石

为了增强土壤的排水能力，要准备好石子或泡沫塑料块等铺在花盆底部。后续工作参考第 76 页。

挖出植株

为了避免伤到根部，混栽和种在花坛中的植株都要用铲子带着尽可能多的土壤挖出根部。

将每一株植株分开

分开每一株植株，尽可能不要切断根部，不要弄掉土壤。

去掉球根上部的土壤

如果土壤埋住了球根，要轻轻用手拍掉表面的土壤，露出球根的上半部分。

铺盆底石

在 4 号盆的底部铺上石子或者泡沫塑料块，放入新的土壤。

栽种植株

浅浅埋住植株，让球根的上半部分露出土壤。如果埋得太深，将球根全部埋入土中，则会导致球根腐烂，所以严禁深埋。土壤高度低于花盆边缘 1cm。

浇水，放在明亮的屋檐下

栽种后浇足量水。为了让根部充分伸展，第二次浇水一定要等到土壤表面干燥后进行，需要等 5~7 天。这段时间植株要放在淋不到雨的明亮屋檐下等地管理。

本月的主要工作

基本 度夏准备　基本 摘枯叶

本月的管理要点

❄ 放在淋不到雨的阴凉背阴处

🌊 非休眠植株每周浇一次水，休眠植株不需要浇水

🎲 非休眠植株需要施液体肥料，休眠植株不需要施肥

基本 基础工作

挑战 针对中级、高级园艺
爱好者的工作

6月、7月的园艺仙客来

　　换盆后，植株扎根，生长速度随着气温的上升逐渐减缓，不过6月里依然会继续生长，部分老叶开始枯萎。和普通仙客来一样，在6月需要为使用非休眠法或休眠法帮助植株度夏做准备。

　　进入7月，使用非休眠法度夏、继续生长的植株的生长速度也开始变慢。一部分植株的老叶枯萎，不过园艺仙客来与大花的普通仙客来相比耐热性更强，所以会继续缓慢生长。

　　休眠植株的管理方法与普通仙客来相同（参考第47页）。

在通风良好的凉爽地点，尽管花朵数量减少，依然继续开放的植株。

主要工作

基本 度夏准备（参考第46、47页）

推荐使用非休眠法

　　仙客来的度夏方法有两种，分别是非休眠法与休眠法。园艺仙客来相对于普通仙客来而言，更耐热，在5月中旬之前回盆的植株可以在充分生长的同时安全度夏，所以采用非休眠法很少会失败，而且能在11月开花，所以推荐使用非休眠法。

基本 摘枯叶

发现枯叶后就要摘掉

　　非休眠植株上发黄的枯叶要从与球根相接处摘掉。

管理要点

😀 非休眠植株

❄ 放置地点：**以普通仙客来为准**（参考第44、45、49页）

🌊 浇水：**以普通仙客来为准**（参考第45、49页）

🎲 施肥：**施液体肥料**

　　6月，每周施一次钾元素含量多的液体肥料（按规定倍率稀释）。7月，按规定倍率的2倍稀释液体肥料，两周施一次，权当浇水。

本月的主要工作

基本 非休眠植株摘枯叶

本月的管理要点

❄ 放在淋不到雨的阴凉背阴处

◐ 非休眠植株土壤干燥后浇水，休眠植株不需要浇水

⚅ 非休眠植株需要施液体肥料，休眠植株不需要施肥

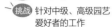
8 月的园艺仙客来

　　由于园艺仙客来与普通仙客来相比耐热性更强，所以园艺仙客来的非休眠植株在夏季也会继续缓慢生长。进入 8 月后，新芽开始萌发，也会出现带花芽的植株。

　　园艺仙客来的休眠植株的管理方法与普通仙客来相同（参考第 47 页）。

园艺仙客来的非休眠植株的花蕾和叶子增加，所以要定期施液体肥料。

😀 主要工作

基本 非休眠植株摘枯叶

仔细摘掉枯叶

　　非休眠植株要仔细摘掉枯叶。

管理要点

😀 非休眠植株

❄ 放置地点：**淋不到雨的阴凉背阴处**

　　放在避开直射阳光、能避雨的阴凉处（屋檐下等）管理。

◐ 浇水：**避免白天浇水，土壤表面干燥后浇足水**

　　土壤表面干燥后在植株基部浇足水，注意不要浇到叶子和球根。如果在气温较高的白天浇水，土壤温度会上升而伤到根部，所以要在早晨或者傍晚之后，确定土壤表面干燥后浇水。

⚅ 施肥：**每两周施一次稀释后的液体肥料**

　　因为非休眠植株依然在继续生长，所以要按规定倍率的 2 倍稀释钾元素含量多的液体肥料，两周施一次，并选择一天中气温升高前的时刻施肥。

9月

本月的主要工作

基本 病虫害防治　　挑战 整理叶片

本月的管理要点

❄ 中旬前后移到日照良好的位置

🌢 土壤表面干燥后浇足水

🎲 每周施一次液体肥料

1月

2月

3月

4月

5月

6月

7月

8月

9月

10月

11月

12月

9月的园艺仙客来

　　非休眠植株和休眠植株随着天气变得凉爽，都进入了生长旺盛期。生长速度快的植株在下旬开始展开新叶，叶子和花蕾的数量增加，有的植株开始开花。

　　栽培非休眠植株和休眠植株时，需要做的工作和管理方法分别相同。

　　在部分地区，花店会从这个月开始摆出开花的植株。购入开花早的植株后，请参考10月（第80、81页）的工作和管理要点。

新叶渐次展开，已经开花的植株。

主要工作

基本 病虫害防治

注意预防灰霉病

　　湿度增高后容易发生灰霉病。要将甲基硫菌灵药剂溶解在水里，洒在植株中间进行预防。

挑战 整理叶片（参考第59页）

整理叶片，让球根能晒到太阳

　　此时正是花蕾和叶子逐渐生长的时期，所以要整理叶片，让球根中间晒到太阳，促进其生长。

管理要点

❄ 放置地点：**转移到日照良好的地方**

　　从9月中旬开始，要将植株从凉爽的背阴处移到淋不到雨、日照良好的地方。

🌢 浇水：**土壤表面干燥后浇足水**

　　土壤表面干燥后在植株基部浇足水，注意不要浇到球根。

🎲 施肥：**每周施一次液体肥料**

　　因为植株迎来了生长旺盛期，所以要每周施一次钾元素含量多的液体肥料（按规定倍率稀释）。

本月的主要工作

基本 栽种

挑战 整理叶片

基本 基础工作

挑战 针对中级、高级园艺爱好者的工作

10月的园艺仙客来

店头摆着一盆盆园艺仙客来，开了5~8朵花。

度夏植株的叶子数量也在增加，生长较快的植株花蕾已经变色，也出现了开花的植株。

同时，从本月到初冬是最适合栽种的时期。

摆放在店头的开花植株。

主要工作

基本 **栽种**（参考第82、83页）

冬天到来前完成栽种

● **盆栽（混栽）**

为了能更长时间地欣赏花朵，必须在冬天到来前让根部充分伸展。在12月中旬（最低气温下降到5℃以下前）之前栽种。

园艺仙客来的根无法扎得太深，而且喜欢比较干燥的环境，所以要种在15~20cm深的浅盆中。种在深盆中时，要放入较多的盆底石，让土壤容易干燥。

● **地栽（花坛）**

为了让植株的根部在天气变冷前充分伸展，要在11月中旬之前完成栽种。栽种地点要选择排水好、光照良好的地方。可以种在土壤容易干燥、坡度平缓的斜坡上或者"高架床"（栽种土壤比地面高的地方）等处。

挑战 **整理叶片**（参考第59页）

整理叶片，让球根能晒到太阳

为叶片数量多的植株整理叶片，让阳光能够照在植株的中心。

本月的管理要点

☀ 盆栽要放在日照良好的位置

🌧 土壤表面干燥后浇足水

⚅ 每周施一次液体肥料

专栏

浅植植株

　　仙客来不喜欢湿漉漉的环境，所以选择园艺仙客来的种植地点格外重要，特别是地栽的情况，要选择排水好、容易干燥的土地。

　　栽种植株时，无论是盆栽还是地栽，都要让根球上方高出土壤表面1cm左右，这种方法叫作浅植。使用这种方法栽种的植株根部土壤能更快干燥，很少会出现失败的情况。

栽种时，根球上方高出土壤表面1cm左右。

种在倾斜的地面上，排水更好，更容易干燥。

管理要点

☀ **放置地点：盆栽要放在日照良好的地方**

　　盆栽（混栽）要放在日照良好、通风好的地方栽培，尽量不要淋到雨。

　　不要直接放在水泥或地面上，要放在架子上等处加强通风。

🌧 **浇水：盆栽，在土壤表面干燥后浇水；地栽，如果一周以上没有下雨再浇水**

　　盆栽（混栽），土壤表面干燥后在植株基部浇足水，注意不要浇到球根。

　　地栽（花坛），若一周以上没有下雨，需要在植株基部浇足水。盆栽和地栽都要注意浇水不能过量。

⚅ **施肥：每周施一次液体肥料**

　　栽种前的植株继续保持 9 月的施肥方法，每周施一次钾元素含量多的液体肥料（按规定倍率稀释），兼浇水。

　　栽种后，在根部伸展前要控制施肥量，栽种 2~3 周后，再每周施一次与上述相同的液体肥料，兼浇水。

栽种前的准备

请参考以下调配范例，准备透气性、排水性好，新鲜干净的土壤。

> 调配范例 A：赤玉土（小粒）6 成，腐叶土 4 成
>
> 调配范例 B：赤玉土（小粒）3 成，日向土（细粒）3 成，腐叶土 4 成

土壤中要事先掺入能促进根部伸展、磷元素含量高的颗粒状缓效性复混肥料（施肥量以草花等规定用量的 1/2 为基准）。如果在 11 月之后栽种，排水好的调配范例 B 更合适。

铺盆底石

在花盆底部铺泡沫塑料块或小石子，放入土壤。

护根

不要压实植株基部的土壤，为了防止泥土溅出以及为上根（土壤表层的根）防寒，要用木屑护根。

浅植植株

拔起植株，不要破坏根球，浅植植株，不要用土壤完全盖住球根（参考第 81 页的专栏）。

浇水，"养"1 周左右

栽种后浇足水，在避开户外直射阳光的明亮背阴处放置 1 周左右，然后放在日照良好的地方管理。

基本 种在花坛中的方法

适宜时期：10月上旬至11月中旬

栽种前的准备

请参考以下调配范例，准备透气性、排水性好，新鲜干净的土壤。

调配范例A：赤玉土（小粒）6成，腐叶土4成

调配范例B：赤玉土（小粒）3成，日向土（细粒）3成，腐叶土4成

不更换新土时，要在栽种的1~2周前翻起15cm左右深的土壤，将腐叶土（每1m² 用半桶，约5L）、赤玉土（小粒，每1m² 用半桶，约5L）和苦土石灰（每1m² 用1/3纸杯）充分混入土壤，任阳光下充分晾晒。

去除旧土

挖掉15cm左右深的旧土。

浅植植株

拔起植株，不要破坏根球，浅植植株，间距保持在叶片之间不会接触的距离，不要用土壤完全盖住球根（参考第81页的专栏）。

填入新土和肥料

填入调配好的新土，掺入基肥。使用磷元素含量高的颗粒状缓效性复混肥料（使用量约为草花等规定用量的1/2）。

浇足量水分

不要压实植株基部的土壤。栽种后在植株基部浇足水。

本月的主要工作

基本 摘花头、枯叶

本月的管理要点

☀ 盆栽要放在日照良好的户外

💧 土壤表面干燥后在上午浇足水

🎲 每周施一次液体肥料

11 月、12 月的园艺仙客来

成品植株栽种后过一个月就能渐次开花。

另外，度夏植株的叶子数量增加，植株增大，叶子间能看到变红的花蕾。从 11 月开始就能欣赏到花朵。

为了让植株根部充分伸展，地栽（花坛）要在 11 月中旬前栽种，盆栽（混栽）要在 12 月中旬前栽种。

开始开花的度夏植株。

主要工作

基本 摘花头、枯叶

仔细摘掉花头、枯叶

要从与球根相接处摘掉开败的花和枯叶。这段时期如果移动球根，可能会导致根部生长变缓，或者球根裂开，所以在摘花头和枯叶时要用另一只手轻轻按住球根。

管理要点

☀ 放置地点：**盆栽要放在日照良好的户外**

盆栽要放在日照良好、通风好的地方栽培，如果担心被霜打到，可以将其移到屋檐下等地。

进入 12 月，只要根部充分伸展，气温高于 0℃，就可以将盆栽放在日照良好的屋檐下等地。夜间气温低于 0℃ 后要将盆栽搬回没供暖的玄关或室内。尽量让植株接触阳光，可以促进花蕾的生长，让花期持续到春天。

💧 浇水：**土壤表面干燥后在上午浇水**

以 10 月为基准（参考第 81 页）。

🎲 施肥：**每周施一次液体肥料**

以 10 月为基准（参考第 81 页）。

减少病虫害的方法

只要正确选择放置地点，做好浇水、施肥等日常管理，就能在一定程度上预防仙客来的病虫害。在使用杀虫剂、杀菌剂之前，首先要杜绝产生病虫害，让植株健康成长。

病中害预防管理

❶ 不要在日照、通风不好的地方栽培。

❷ 浇水时不要浇到球根，不要让植株淋雨。

❸ 不要施浓度高的肥料。

❹ 换盆时不要使用旧土。

❺ 定期施肥。

❻ 不要在高温潮湿的地方栽培。

❼ 摘花头和枯叶时不要伤到球根。

❽ 摘花头和枯叶时，要从与球根相接处摘干净，不要留下折断的叶柄。避免直接浇水，要等到摘花头和枯叶的断面干燥后再浇水。

❾ 生病的植株不能放在健康的植株旁边。

巧妙使用药剂的方法

因为仙客来出现病虫害后大多很难恢复，所以管理的基本要点是不能在出现病虫害后洒药，而要在容易出现病虫害的时期预防。

有效喷洒药剂的方法

❶ 避开有直射阳光的白天，在早上或傍晚喷洒。

❷ 喷洒时药剂不要沾在花朵和花蕾上。

❸ 药剂不止喷在叶子表面，也要喷在背面。

❹ 球根受伤时，药剂要喷在伤口上。

❺ 不要总使用同一种药剂，要用两种以上的药剂交替喷洒。

❻ 不要将液体肥料和药剂混合使用。

球根受伤时，要在伤口处喷洒溶解在水里的苯菌灵。

主要病虫害

【萎缩病】 从初夏到开花期，特别是梅雨季节刚过，温度和湿度升高时容易发生。如果因湿度过大或浓度大的肥料伤到根部，土壤中的细菌就会侵入植株。

【灰霉病】 从春天到梅雨季节，以及从9月下旬到开花期，湿度高而温度较低，长期下雨时容易发生。如果闷热，或者向花朵和叶子浇水，容易引发此病。

【软腐病】 发生在夏季。一般通过土壤传播，球根的伤口处也会感染。

【蓟马】 出现在从初夏到初秋，除梅雨季节之外的高温干燥时期，该虫会吸取植物的汁液。康乃馨、菊花也会生蓟马，所以要隔离栽培。

【夜蛾】 出现在秋天（9—11月）。夜蛾会在夜间吃新芽、小花蕾和新叶，严重时可以在一晚上吃掉全部新芽。因为一旦出现很难根除，所以要在出现前的8月下旬左右使用乙酰甲胺磷药剂。

生蓟马后，花朵变形的植株。

选择优质植株的方法

购买植株时，要注意以下要点，仔细观察后选择优质植株。

花蕾

- **叶子间长出大量有颜色的花蕾**

  花蕾较多，大大小小的，这种植株在夏天时不会受到高温和肥料过多或过少的影响，能够持续开花。

- **花蕾细长，形状漂亮**

  如果花蕾曾经生过蓟马等害虫，会萎缩变成球形，开出的花朵容易变形。

叶子

- **叶子数量多，花盆边缘被叶片覆盖，看不到土壤**

  植株不受夏季高温影响，能够顺利生长，叶子数量多则花蕾数量多，会渐次开花，花朵数量也就多。

- **叶子的大小均匀**

  如果施肥方法不佳，叶子将会大小不均，叶子和花蕾的数量都会变少。

- **叶子没有发黄**

  有部分叶子发黄的植株大多是生了萎缩病，寿命短。

- **叶柄不过长，植株整体坚实（用手按压有弹性）**

  如果叶柄徒长，花蕾在生长过程中容易枯萎，花朵变少，植株不容易适应环境变化。

花

● **花的高度一致**

从夏天到秋天，施肥平均的植株会顺利长出花蕾，开花高度一致。

● **花朵不变形**

花蕾生蓟马等害虫后，花朵会变形。

● **花瓣上没有斑点**

温度和湿度管理没有差错，没有灰霉病等病症的花朵寿命长。

● **花瓣尖端不变色，没有损伤**

没有因为低温、冷风、搬运等受伤的植株花朵寿命长。

环境

避免选择放在昏暗的店里，或者吹到户外寒风的植株，包装好的植株，以及放在温度过高或过低的店里的植株。

NP-f-64

球根

● **球根表面没有生霉菌**

有灰霉病等病症的植株寿命短。

从种子开始培育

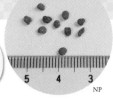

直径 2mm 左右
的仙客来花种

仙客来是球根植物，不过由于采种方便，而且日本的夏天高温潮湿，植株度夏困难，球根可能不到 1 年就会腐败，所以在日本也会在秋天播种仙客来，从种子开始培育。

种在庭院中的园艺仙客来和原种仙客来可以通过播种繁殖。下面将为您介绍从采集种子（参考第 70 页）开始培育的方法。

播种的准备

种子 采集的种子在播种前泡在水里 1~2 个小时，扔掉浮起来的种子。

土壤 请参考下面的调配范例，准备排水性好的干净土壤。避免使用用过的土壤和庭院中的土壤，以及颗粒大的土壤。

> **调配范例 A：**泥炭藓、蛭石、珍珠岩（米粒大小）等量混合。
> **调配范例 B：**泥炭藓、赤玉土等量混合。
> ※ 泥炭藓亲水性不好，所以要用少量水润湿后再与其他土壤混合。

基肥 在土壤中掺入磷元素含量较多的缓效性复混肥料，用量为草花等规定用量的 1/3，发芽后植株长势会更好。

容器 准备 2.5~3 号花盆。

发芽后的管理

放置地点 放在室内日照良好的窗边，最低温度不要低于 10℃。要注意供暖太足，室温超过 20℃ 时植株会虚弱。户外最低气温超过 15℃ 后，要将花盆搬到户外淋不到雨、日照良好的地方。

浇水 土壤表面干燥后浇水，注意不要冲倒植株。

施肥 长出真叶后，每两周施一次钾元素含量多的液体肥料（按照规定倍率的 2 倍稀释），兼浇水。真叶超过 5 片时，施肥频率改为一周一次。进入 5 月后，大花品种每周浇一次按照规定倍率稀释的液体肥料。

换盆 从 5 月中旬到 6 月中旬，植株长出 10 片真叶后，在不破坏根球的情况下拔起植株，浅植，保持能看到一半球根的程度，浇足量水分（土壤、基肥以度夏植株为基准。参考第 54、56 页）。

换盆后的管理 刚换盆后要将植株放在明亮的背阴处栽培，两周后移到日照良好的地方。再过 1 个月左右，每周施一次钾元素含量多的液体肥料（按照规定倍率稀释）。之后的管理参考非休眠植株。不过 8 月中旬到 9 月中旬不需要换盆。栽培方法正确的话，植株会在 12 月到来年 1 月开花。

挑战 播种方法

适宜时期：大花、中花品种 11—12月
　　　　　迷你（小花）品种1—3月
　　　　　园艺仙客来1—3月

在 2.5~3 号花
盆底部铺盆底
网，填入土壤
至花盆边缘之
下 1cm 处。
浇大量水润湿
土壤。

因为仙客来发
芽率低，所以
要在 2.5~3 号
花盆中撒 3 颗
种子（发芽后
间苗，每个花
盆中留一株）。

用土壤盖住种
子（看不见种子
的程度），用带
莲蓬头的洒水
壶浇足量水。

发芽前用报纸或黑布盖住整个花盆，放在阳光
照不到的温暖室内（发芽温度为 18~20℃）。
发芽需要 40~45 天。这段时间要注意让土壤保
持干燥，表面土壤干燥后浇水。

发芽后去掉用来
覆盖的报纸或黑
布，将花盆移到
日照良好的窗边。
为防止子叶徒长，
发芽后要尽快去
掉覆盖物。

发芽后1~2 周

子叶张开的样子。仙
客来的子叶只有一片。

发芽后约 1 个月

发芽后大约 1 个月，长
出 3、4 片真叶。

四季栽培问答 Q&A

解答四季容易出现的困难和疑问。

春

Q1 在室内栽培的植株搬到户外后，尽管土壤没有干燥，叶子依然是绿色，却蔫蔫的。

A 夜间温度较低，土壤温度下降的原因。

早春时节早晚气温依然很低，所以一天中的温度差达到10℃以上也不足为奇。在室内窗边等地方栽培的仙客来突然被移到户外，如果夜间不收进室内，特别是在土壤潮湿的状态下遇到地表温度下降的情况时，可能会导致植株突然萎蔫。

这种情况可以随着白天气温逐渐升高而恢复，不过如果温度持续不变，植株将会枯萎。首先要将植株在白天搬到户外，夜间收回室内，如此适应一周，然后渐渐过渡到终日摆在户外。

Q2 球根裂开了。

A 要注意断水后的浇水方法。液体肥料和水不要碰到裂口。

球根断裂可能是土壤干燥导致的。5月气温上升，日照强烈，土壤容易干燥。这时可能会出现球根表面裂开的情况。原因几乎都是土壤过于干燥后浇水过多，即球根在断水后停止生长，但由于浇水过多突然重新开始生长，结果导致球根裂开。浇水时要注意避免土壤过分干燥。

裂开的球根只要不生病就能继续生长，但如果球根接触到水和液体肥料，就会导致植株生病、腐败。要注意避免水分接触裂口。

**枯萎的叶子
如何处理?**

A 发现后立刻仔细摘掉。

暮春时节气温升高,叶子会自然枯萎。变成褐色枯萎的叶子要用和摘花头相同的方式,从叶柄根部拧下。如果枯叶放着不管,球根中间将无法接触阳光,妨碍新芽的生长,还会成为引起病虫害的诱因。因此,如果发现枯叶,请仔细摘掉。

摘掉后如果立刻浇水或者施液体肥料,摘除枯叶的部分可能会腐烂,所以要隔一天再浇水或者施液体肥料。

 **种在庭院中的园艺仙客来
不用转移位置吗?**

A 梅雨季和夏季高温天气,理想的做法是将每株植株分开种进花盆中(回盆),转移到凉爽的地方管理。

理想的做法是在 5 月中旬前将每株植株分开,重新种回花盆中。特别是在花坛等狭小的地方集中种植的植株,如果放着不管,可能会因为闷热导致生长缓慢,或者在强烈的日照下变得虚弱。换盆的方法请参考第 75、76 页。

 **使用休眠法度夏时,
绿色的叶子也要摘掉吗?**

A 等待叶子自然枯萎。

如果为了让植株能够休眠度夏,强行摘掉依然健康的绿叶,容易导致叶柄根部与球根接触的位置腐烂。应该停止浇水,让土壤逐渐干燥,等待叶子自然枯萎。叶子完全变成褐色,干燥后,摘掉。

Q6 **叶子突然枯萎,绿叶减少。
植株是枯萎了吗?**

A 很遗憾,如果出现根部生霉,球根变软的情况就要处理掉了。

如果出现叶子发黄、叶柄湿滑的情况,就要注意了。这是土壤总是潮湿或者直接在叶子和球根上浇水时容易引发的症状,植株的一部分会突然变黄,叶柄变黑、腐烂。很遗憾,如果出现此类状况,植株就要被扔掉了。另外,如果叶柄根部生霉或者球根变软,则很可能是生了萎缩病或软腐病,植株同样要被扔掉。如果只是叶片干燥呈褐色,则没有关系。

夏

Q1 想让植株休眠，底部浇水花盆中的土壤却迟迟不干。

A 去掉盛水盘，加强通风让土壤干燥。

盛水盘中始终有水，或者土壤难以干燥时，可以去掉盛水盘。另外，为了让土壤底部残留的水分干燥，不要将花盆直接放在地面或者水泥上，而是要放在网格架等位置，加强盆底通风。

Q2 想让植株用非休眠法度夏，叶子却突然枯萎了。

A 检查球根是否变软，是否生霉。

和春天的 Q6 一样，有可能出现了萎缩病或软腐病。如果叶柄根部生霉或者球根变软，基本可以肯定是生了萎缩病或软腐病，植株需要扔掉。

Q3 种在底部浇水花盆中度夏的非休眠植株，盛水盘中的水几乎不减少，植株没精神。

A 去掉盛水盘，晾干底部。

盛水盘中的水几乎不减少时，要洗净盛水盘，注入新水。如果土壤依然难以干燥，可能是由于底部湿度太大，导致根部虚弱，应该去掉盛水盘，在换盆前将植株放在网格架上，让底部浇水花盆盆底伸出的无纺布从网格中垂下。没有无纺布的情况，应该去掉盛水盘，直接将花盆放在网格上。这样可有助于底部积水流出。

浇水方法与普通花盆相同，等土壤表面干燥后，从上方浇水，让水从盆底流出。

Q4 使用非休眠法度夏的植株，施液体肥料后，土壤难以干燥。

A 观察土壤的干燥情况，控制液体肥料的用量。

气温升高时，土壤的温度也会上

秋

升，根部生长速度减缓。如果在这时施液体肥料，根部将难以吸收，导致肥料中的水分残留在土壤中，土壤难以干燥。要在土壤足够干燥时施液体肥料，土壤难以干燥时不使用液体肥料。另外，还可以一边观察情况一边调整液体肥料的浓度。

Q5 回盆后的园艺仙客来开花了。如果让植株继续开花，植株会不会变得虚弱？

A 只要能长出新叶和花蕾就没问题。

球根上能够不断长出新叶和花芽，说明植株在健康成长，不用摘下花头。不过如果植株上几乎没有长出新叶，那么让它继续开花会导致植株衰弱，所以要摘掉花蕾。摘下花蕾后不要立刻浇水施肥，要等到切口充分干燥。

Q1 现在是换盆的季节，每年都需要换盆吗？

A 基本上每年都需要换盆。

每年要换大一号（直径差值约为3cm）的花盆。但是如果现在的花盆尺寸够大了，就没必要换盆。

如果球根埋在土壤中，为了第二年考虑，建议换盆。

Q2 种在花坛中的园艺仙客来忘记在适宜的时期回盆了，该怎么办？

A 在秋天换盆。

如果是没有在春天回盆（换盆）而直接度夏的植株，可以在9月换盆。混栽的植株也可以在10月到12月中旬换盆。

换盆方式参考第75、76页。挖出度夏的混栽植株时，要注意尽可能不伤到根部。

冬

Q3

进入 10 月，度夏植株上长出花蕾。其中有很多小花蕾，今年会开花吗？

A 如果温度低，开花会比较晚。

花梗长度为 2cm 左右的花蕾，普通仙客来的大约两个月后开花，园艺仙客来的在 1~1.5 个月后开花。就算花蕾的花梗长度在 10 月中旬已经达到 2cm，开花也要等到年末或第二年年初，盛开要等到 1 月下旬以后（度夏植株开花时间比市售成品植株晚 1~2 个月）。

一般情况下，11 月中旬到 12 月中旬，店头摆出的开花植株大多在 8 月中旬已经长出了很多花梗长度在 2cm 左右的花蕾，然后加温来实现可在当年出售。

花梗长度在 2cm 左右的花蕾大约两个月后开花。

Q1

成品植株放在室内窗边，结果还不到一个月，叶子和花梗就伸长倒下了。

A 原因是日照不足。

成品仙客来是在日照良好，温度在 12~22℃的温室中培育后出售的。一般在家中可放在窗户旁边等能照到阳光的地方。但是最近出现了很多防紫外线的玻璃，因此会导致植株日照不足。另外，如果夜间室温过高，则会导致植株徒长。为了栽培出形状紧凑的植株，要在白天天气好的时候将植株搬到户外，让植株享受日光浴。

Q2

购买后一个月左右植株还不断开花，然后渐渐地不再开花了。

A 日照不足，肥料不足。

最主要的原因是日照不足。如果将植株放在阳光照不到的地方，将无法长出花蕾，无法开花，植株枯萎，所以要尽可能让植株照到阳光。

肥料不足也会导致无法开花。购买时土壤中残留的肥料会在 2 周后耗完，所以要在购买一周后施液体肥料。

Q3 开花后叶子变黄。

A 白天将植株放在户外，不要断肥。

叶子变黄的原因有很多，开花并非直接原因，大多时候与 Q2 一样，原因是日照不足。温暖的白天让植株在户外享受日光浴很重要。另外，开始开花后需要肥料，如果肥料不足，植株会从老叶开始变黄。天气好的日子将植株放在户外，注意施液体肥料即可。

Q4 度夏植株迟迟不开花。有没有让植株尽快开花的方法？

A 开花晚是没办法的事情。

让度夏仙客来尽快开花很难，首先要有充足的阳光，11 月之后温度要维持在 15~22℃。另外，如果日照和温度不足，植株将无法充分吸收肥料，导致开花晚，在气温上升的 3 月左右才盛开。在家里种植度夏仙客来时，开花晚是没办法的事情。

Q5 度夏小花品种和中花品种已经开始开花，大花品种却没有开花。

A 原因是品种差异。

一般情况下，仙客来会按照小花品种、中花品种、大花品种的顺序开花。

大花品种需要更多肥料，如果施肥时使用与小花品种和中花品种相同的量，则会稍显不足。使用片剂型的放置型肥料时，要增加一些量。

Q6 植株度夏成功，开始开花，但叶子数量不如成品植株多。

A 秋季时日照、肥料不足。

虽然与市面上销售的仙客来相比，度夏植株的叶子数量少是没有办法的事，不过日照、肥料不足也会造成叶片减少。

特别是 9 月上旬到 11 月上旬，如果肥料不足，则很可能导致花朵高度参差不齐，叶子数量减少。请参考主要工作、管理要点月历，定期施液体肥料，确保叶片数量。

Original Japanese title: NHK SYUMI NO ENGEI 12 KAGETSU SAIBAI
NAVI 11 SHIKURAMEN

GARDEN SHIKURAMEN GENSHU SHIKURAMEN

Copyright © 2020 YOSHIDA Kenichi, NHK

Original Japanese edition published by NHK Publishing, Inc.

Simplified Chinese translation rights arranged with NHK Publishing, Inc.

through The English Agency (Japan) Ltd. and Shanghai To-Asia Culture Co., Ltd.

本书由NHK出版授权机械工业出版社在中国境内（不包括香港、澳门特别行政区及台湾地区）出版与发行。未经许可之出口，视为违反著作权法，将受法律之制裁。

北京市版权局著作权合同登记　图字：01-2020-5833号。

图书在版编目（CIP）数据

仙客来12月栽培笔记 /（日）吉田健一著；佟凡译.
— 北京：机械工业出版社，2021.6
（NHK趣味园艺）
ISBN 978-7-111-68252-3

Ⅰ.①仙… Ⅱ.①吉… ②佟… Ⅲ.①仙客来 - 观赏园艺
Ⅳ.①S682.2

中国版本图书馆CIP数据核字（2021）第088982号

机械工业出版社（北京市百万庄大街22号　邮政编码100037）
策划编辑：于翠翠　责任编辑：于翠翠
责任校对：赵　燕　责任印制：郜　敏
北京瑞禾彩色印刷有限公司印刷

2021年6月第1版·第1次印刷
145mm×210mm·3印张·2插页·82千字
标准书号：ISBN 978-7-111-68252-3
定价：35.00元

电话服务　　　　　　　　网络服务

客服电话：010-88361066　机 工 官 网：www.cmpbook.com
　　　　　010-88379833　机 工 官 博：weibo.com/cmp1952
　　　　　010-68326294　金 书 网：www.golden-book.com
封底无防伪标均为盗版　机工教育服务网：www.cmpedu.com

封面设计
冈本一宣设计事务所

正文设计
山内迦津子、林圣子
（山内浩史设计室）

封面摄影
田中雅也

正文摄影
伊藤善规/f-64（福田念、上林德宽）/铃木康弘/高桥纱弥加/田中雅也/筒井雅之/德江彰彦/富山稔/成清彻也/蛭田有一/福冈将之/丸山滋/吉田健一

插图
江口明美
多良太郎（虚构人物）

校正
KS office/高桥尚树

协助编辑
Three season（奈田和子）

企划、编辑
加藤雅也（NHK出版）

协助摄影、照片提供
issei花园/M&B flora/金子育苗/铁线莲之丘/Suntory flowers/大荣花园/武一农园/flower garden泉/Morel Diffusion/雪印育苗